生物模板法制备磷酸铁锂及电化学性能研究

陈绍军　肖顺华　著

中国石化出版社
·北京·

内 容 提 要

本书旨在探讨先进的生物模板法在锂离子电池领域的应用，特别是在制备磷酸铁锂正极材料方面。本书共八章，每章都专注于不同的生物模板方法。在每章最后，还探讨了所制备磷酸铁锂材料的电化学性能，包括其在锂离子电池中的循环性能、倍率性能和稳定性能等方面的表现。这些性能研究对于了解这些生物模板法制备的磷酸铁锂材料在能源存储领域的潜在应用至关重要。

本书可为相关研究人员提供关于使用生物模板法制备磷酸铁锂正极材料以及相关电化学性能研究的参考。

图书在版编目(CIP)数据

生物模板法制备磷酸铁锂及电化学性能研究 / 陈绍军，肖顺华著．—北京：中国石化出版社，2023. 12
ISBN 978-7-5114-7396-7

Ⅰ. ①生… Ⅱ. ①陈… ②肖… Ⅲ. ①模板(分子生物学)-制备-锂离子电池-电化学-化学性能-研究
Ⅳ. ①TM912

中国国家版本馆 CIP 数据核字(2023)第 241639 号

中国石化出版社出版发行

地址：北京市东城区安定门外大街 58 号

邮编：100011　电话：(010)57512500

发行部电话：(010)57512575

http://www. sinopec-press. com

E-mail：press@ sinopec. com

北京艾普海德印刷有限公司印刷

全国各地新华书店经销

*

710 毫米×1000 毫米 16 开本 7. 75 印张 126 千字

2023 年 12 月第 1 版　2023 年 12 月第 1 次印刷

定价：68. 00 元

PREFACE 前言

在全球对可再生能源及其存储需求的不断增加下，锂离子电池技术作为一种重要的能源储存解决方案，正在迅速发展。在这一领域，正极材料的设计和性能对锂离子电池的性能和可持续性起到了至关重要的作用。磷酸铁锂($LiFePO_4$)由于其高能量密度、热稳定性和环保性，备受关注，被广泛认为是未来能源储存的重要选择。

本书致力于深入探讨一个引人注目的研究领域，即生物模板法在磷酸铁锂正极材料制备中的应用。这一方法不仅有望提供高性能正极材料，还具有突出的可持续性和环保性。在本书中，我们探究了各种不同的生物模板方法，包括鸡蛋壳膜、桂花、香蕉皮、油菜花、柚子皮和葡萄糖等。每一种方法都以其独特的性能和优势引人瞩目。

本书的每一章都着力深入研究，覆盖了材料制备方法、表面形貌和结构的详细分析、电化学性能的实验评估等内容。这些细致入微的研究可为读者提供全面的参考，帮助读者了解生物模板法在锂离子电池领域的应用前景。这些方法对于绿色能源储存技术的发展至关重要。

希望本书能为相关研究人员提供关于使用生物模板法制备磷酸铁锂正极材料及相关电化学性能研究的指南。无论您是研究这一领域的专家，还是初次涉足的学者，本书都将为您提供有价值的知识和见解。期待在未来看到这一领域的创新，以及生物模板法在锂离子电池技术中的广泛应用。

本书由河源职业技术学院陈绍军与桂林理工大学肖顺华撰写，河源职业技术学院安华萍、李春来、涂华锦、邱志文、钟燕辉、叶旋、王凌云参与了资料的收集与整理工作，在此一并表示感谢。

由于笔者水平有限，书中难免有不妥或者疏漏之处，恳请各位同行以及读者批评指正。

CONTENTS 目录

第一章 绪　论

第一节 引　言

由于全球人口增长、能源需求的上升、生活方式的转变以及石化燃料资源的耗竭，可再生能源的重要性显著提高。截至2019年，交通运输行业在全球能源相关的二氧化碳排放中占据了24%的份额。根据最新的调查结果，如果继续按照目前的发展趋势，到2050年，交通运输领域的碳排放预计将增加近一倍。为了控制全球气温上升在1.5℃以内，必须大幅削减包括二氧化碳在内的温室气体排放。

电动汽车的广泛采用是减少温室气体排放的方法之一，可替代传统的以汽油为燃料的内燃机汽车。当电动汽车结合可再生能源如太阳能和风能发电时，不仅不会产生温室气体排放，还将大大减少由人类活动引起的大气中的二氧化碳含量。此外，电动汽车有助于增加当地可再生能源的利用率，提高能源安全性，并降低燃料成本。电动汽车还能改善环境质量，降低车辆噪声，降低环境的恶化程度。

然而，可再生能源存在一个问题，即电力生产的不稳定性。因此，为了弥补电力供应的波动，需要有效地储存多余的能量。可充电锂离子电池因其高能量密度和长循环寿命而备受瞩目，被认为是未来的电化学储能装置，可取代传统的铅酸、镍铁和镍金属氢化物电池。自1991年锂电池商业化应用以来，其发展迅猛，已经成为智能手机、笔记本电脑、摩托车和电动汽车的主要能源供应系统。近年来，随着对长续航能力的便携设备、电动汽车的长途行驶能力(超过500km)，以及短充电时间(不超过20min)的需求不断增加，科研人员对高充电和放电比容量、高电流密度电池系统进行了深入研究，以满足日益增长的能源需求。

第二节 锂离子电池基本介绍

锂离子电池是一种高效而广泛应用的能量储存装置，其主要组成部分包括正极、负极、电解质、隔膜和外壳等。

在锂离子电池的工作过程中，锂离子在正极脱离，并朝向负极运动，随后被嵌入负极；在放电过程中，锂离子又从负极脱出，朝向正极运动，并重新嵌回到正极。

在多次充放电循环中，锂离子在正极和负极之间不断往返，参与脱嵌和嵌入反应，这个过程被形象地比喻为“摇椅电池”，其充放电工作原理如图 1-1 所示。

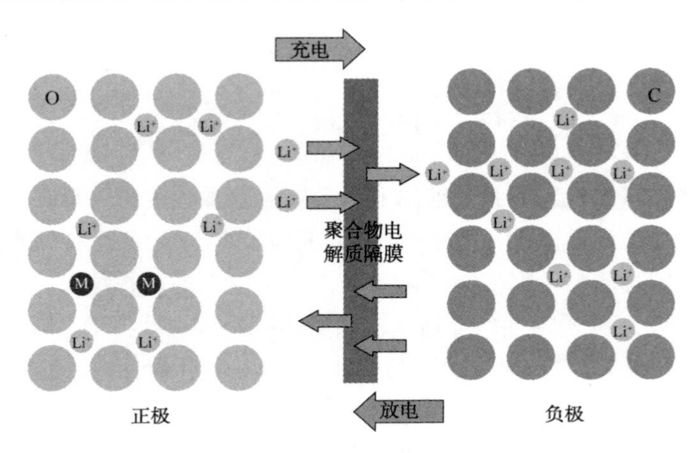

图 1-1　锂离子电池的工作图

第三节　锂离子电池常见正极材料

一、$LiCoO_2$正极材料

$LiCoO_2$是一种典型的层状二维结构，通常与 α-$NaFeO_2$型层状结构类似。在这种结构中，CoO_2形成了一层密堆的二维原子结构，而 Li^+离子可以在 CoO_2层之间自由运动。此外，Li^+和 Co^{3+}离子交替分布在八面体位置上，但由于它们与氧原子之间的相互作用不同，导致了晶格结构的畸变。这个畸变使原本的立方密堆结构转变成六方密堆，降低了晶体的空间对称性。

尽管 $LiCoO_2$具有较高的理论充放电比容量（达到 274mA · h/g），但在实际充放电过程中，只有不到 53%的 Li^+可以可逆地脱离。过多的 Li^+脱出会导致层状结构崩溃，降低了其循环稳定性和抗过充性能。因此，$LiCoO_2$的实际可逆容量只有 150mA · h/g，这也导致了 Co 的利用率较低。

研究人员已经探讨了不同锂含量（Li_xCoO_2）下的相稳定性，发现随着锂含量的降低，Li_xCoO_2经历了从 O3 对称性到 H1-3 对称性的相变。这一相变过程在实验中也得到了验证。此外，电化学驱动的相变可能导致 $LiCoO_2$产生 Co_xO_y降解产物，但是对于这个过程的详细机制和细节，还存在不同的观点和争议，需要进一步的研究和实验来确认和阐明。

然而，有望提高 $LiCoO_2$性能的一个有效方法是抑制脱锂过程中的相变。一些研究者通过抑制有序-无序跃迁和 H1-3 跃迁，成功将 $LiCoO_2$的容量提高到 190mA·h/g，并在 50 次充放电循环后保持了 96%的比容量。因此，深入研究充放电循环中 $LiCoO_2$电化学驱动相变的机理对于提高 $LiCoO_2$的循环稳定性和实际容量至关重要。

要改善 $LiCoO_2$的电化学性能，通常采用掺杂改性和包覆改性。掺杂改性方面，可以尝试掺杂不同离子，如镁、锰、铝和钛。包覆改性方面，采用碳元素进行电子导体包覆、锂铝钛磷酸盐(LATP)离子导体包覆，以及钛和锆等氧化物电子离子双绝缘包覆等方法。

这些改进方法有望进一步提高 $LiCoO_2$的性能，以满足不断增长的能源存储需求。

二、$LiNiO_2$正极材料

$LiNiO_2$是一种重要的正极材料，其发现可以追溯到 20 世纪 50 年代，当时它被识别为锂和镍的锂化和氧化固溶体产物的一部分。$LiNiO_2$拥有六方层状晶体结构，通常称为 α-$NaFeO_2$型结构，其晶格属于 $R\bar{3}m$ 空间群。

尽管 $LiNiO_2$的发现比 $LiCoO_2$早，但其在电化学应用方面的崛起要追溯到 20 世纪 80 年代末，当时它首次被用作锂离子电池的正极材料。与 $LiCoO_2$具有相同的层状结构相比，$LiNiO_2$不仅具有相似的理论能量密度，还具有更低的平均氧化还原电位。这是因为 $Ni^{3+/4+}$的 eg 带与 O^{2-}的 2p 带之间存在较小的轨道重叠，这使得 $LiNiO_2$在充放电过程中能够实现较高的电化学稳定性和容量保持率。这种稳定性有助于在充放电循环中保持较高的比容量，同时减少氧气的释放，这是锂离子电池正极材料性能优化的关键因素之一。然而，值得注意的是，实现完全理想的层状 $LiNiO_2$结构并不容易，因为在合成过程中通常伴随着化学计量学的偏离和 Li/Ni 离子的交换。这些偏离和交换通常由以下原因引起：

① 在高温煅烧过程中，锂的蒸气压过高，导致锂从基体结构中蒸发；

② 高温条件下，Ni^{3+}离子还原为 Ni^{2+}离子，因此在材料中存在 Ni^{2+}离子；

③ 由于 Li^+(0.76Å)和 Ni^{2+}(0.69Å)之间的微小尺寸差异，多余的 Ni^{2+}倾向于驻留在锂平板中，从而导致 Li/Ni 离子的交换，这可能受到超交换相互作用和磁阻的控制。

为了合成高质量的$LiNiO_2$材料，研究人员通常采用各种方法，包括高温固相合成法、熔融盐法、微波合成法和溶胶-凝胶法。此外，为提升其化学性能，一般会采用掺杂方法，包括掺入Ce、La、Y等稀土元素。

三、$LiMn_2O_4$正极材料

尖晶石$LiMn_2O_4$属立方晶系，空间群为$Fd\bar{3}m$，氧原子形成面心立方密堆积，占据空间点群的32e位；锰离子位于八面体16d位，八面体16c位空余；锂离子则位于四面体8a位，8a和16c位形成锂离子扩散的三维通道，有助于锂离子在晶格中发生快速地脱开/嵌入。

尖晶石$LiMn_2O_4$正极材料因其结构稳定性、三维Li^+扩散通道、较小的库仑斥力、优良的热稳定性，以及丰富的Mn元素储备和环保性等优势而备受关注。然而，$LiMn_2O_4$正极材料在高温或高电位环境下容量衰减问题显著，这限制了其应用。导致容量衰减的原因包括：

① 在有机电解液中，Mn^{2+}在充放电循环中不均匀地溶解。

② 在放电状态下，出现了Jahn-Teller畸变结构。

③ 在高电位循环或高温合成后，氧缺陷的产生。

因此，许多研究人员对基于锰酸锂电池进行了广泛的研究。对锰酸锂全电池各组分的改进方法包括元素替代、表面涂层、形态调控、电解质优化，以及功能性分离剂/凝胶电解质的开发。

四、$LiMn_xNi_yCo_{1-x-y}O_2$正极材料

曾经，$LiCoO_2$是最广泛应用的层状氧化物锂离子电池正极材料。然而，由于其电势窗口较窄(4.3 V vs Li/Li^+)，导致实际容量受到限制。为了提高性能并降低成本，$LiNi_xCo_yMn_{1-x-y}O_2$(NCM)材料作为一种有希望的替代品崭露头角。特别是，镍含量低于60%的NCM材料已经成功商业化。

NCM材料的电化学和热性能受到Ni、Co和Mn元素含量的变化影响，因为这三种元素之间存在复杂的关系。在NCM材料中，主要的氧化还原中心是Ni^{2+}/Ni^{3+}和Ni^{3+}/Ni^{4+}，因此，增加镍含量可以提高实际容量，钴有助于提高放电速率，降低Li/Ni离子的无序性，而锰则起改善结构和热稳定性的作用。锰在充放电过程中保持了正四价状态，而关于钴在循环中的氧化态变化仍存在争议。

目前，NCM材料中研究和应用最广泛的包括NCM333、NCM523、NCM622和NCM811。尽管低镍含量NCM($Ni<60\%$)表现出良好的循环/速率性能和热特

性，但其实际充放电比容量相对较低，无法满足工业对大规模储能设备的需求。因此，高镍含量的富镍正极材料成为一个引人注目的选择，它在 4.3V 的充电电压下可以实现充放电比容量超过 200mA · h/g。然而，富镍 NCM 材料在实际应用中存在着从制备到循环过程的不稳定性问题。

首先，富镍 NCM 材料中，由于 Ni 离子周围 Co 和 Mn 原子数量较少，单个 Mn 和 Co 团簇在颗粒表面会发生偏析，导致富 Ni NCM 的不稳定。其次，制备的富 Ni NCM 材料中 Ni 的氧化态为 3+。由于 Ni^{3+}在其 eg 带上有未配对电子，因此它是一种活性的 Jahn-Teller(JT)离子，高度不稳定。在合成过程中，它往往还原为不活性的 JT Ni^{2+}离子，这使得获得具有良好化学计量比的 NCM 变得困难。此外，富镍 NCM 材料由于阳离子混合、析氧和机械不稳定性等原因，其循环性能较差。简而言之，NCM 材料的性能退化问题主要源自离子无序、氧的释放、过渡金属的溶解、电解质的降解、粒子内部电荷不均匀性以及颗粒内部和颗粒之间微裂纹的形成及扩散。

为了解决这些问题，许多科学家在过去几年中进行了广泛的研究。这包括采用掺杂、表面涂层、形貌设计等方法对过渡金属进行部分替代，有效提高了层状正极材料的循环寿命。

五、$LiFePO_4$正极材料

1997 年，Padhi 首次提出了磷酸铁锂($LiFePO_4$)这一正极材料。$LiFePO_4$具有许多引人注目的特点，包括低成本、高能量密度、稳定的运行电压、理论充放电比容量较高(170mA · h/g)、无污染、出色的稳定性以及长寿命，使其成为应用于新能源汽车、储能电站、特种医疗设备等储能电池的理想选择。然而，$LiFePO_4$的电子电导率较低($10^{-9}\sim10^{-10}$S/cm)、离子扩散速率较慢、振实密度较小(1.2g/cm^3)、产品一致性差，而且在低温条件下电化学性能表现不佳，这些因素限制了 $LiFePO_4$在储能电池应用中的进一步发展。

$LiFePO_4$晶体结构呈橄榄石状，属于正交晶系 Pnmb 空间群。其晶体结构包括 FeO_6八面体、LiO_6八面体和 PO_4四面体。在这种结构中，P 原子位于 O 原子四面体的中心，形成 PO_4四面体。P—O 之间的共价键具有强大的键合能，有助于稳定氧原子，从而维持 $LiFePO_4$的结构稳定性。然而，这种结构限制了 FeO_6中电子的传导，因为 FeO_6网络不是连续的，电子只能沿着 Fe-O-Fe 链传输，导致电子电导率较低。此外，Li^+在 $LiFePO_4$晶体中的一维扩散特性限制了其嵌入/脱嵌能力。

通过 Hoang 和 Johannes 的第一性原理密度泛函理论计算，可以得知 $LiFePO_4$

存在反铁磁(AFM)自旋构型和铁磁(FM)自旋构型。在这两种构型中，价带最大值(VBM)和导带最小值(CBM)都位于 Fe 的三维态。这两者之间存在一个能隙，即高能级的 Fe 三维态和低能级的价带之间的差距。漫反射测量结果显示，$LiFePO_4$的禁带宽度为 3.8～4.0eV，因此，$LiFePO_4$是一种带隙较大的绝缘材料。在 $LiFePO_4$的结构中，锂离子和铁离子占据不同的位置，但部分位置可能会发生相互混合，导致势能较低的缺陷出现。尽管锂离子脱嵌过程中晶体结构变化不大，不会导致结构坍塌，使其具有出色的稳定性，但橄榄石型结构所产生的缺陷问题也相当严重。

$LiFePO_4$材料中的缺陷不仅受其结构本身的影响，还受到其他因素的影响，如极化子效应、晶体形状、晶格界面应变、锂枝晶以及低温环境等。

第四节　磷酸铁锂的合成方法

一、固相法

固相法是制备材料的一种最常用的方法，它具有许多突出特点，如工艺简单，适用于大规模工业化。该方法的主要步骤是将不同磷酸盐、铁盐和锂盐原料按一定比例混合，然后在惰性气氛和高温条件下进行煅烧。此外，如果适量的含碳有机物被引入原材料中，可以将碳包覆到材料表面，从而有效地防止材料的氧化。

$LiFePO_4$正极材料是通过高温固相法首次合成的，这一重要突破是由 Padhi 等人实现的。随后，许多研究者继续深入研究高温固相法，不断改进合成条件以提高 $LiFePO_4$的性能。例如，Y. Z. Dong 等人以$(NH_4)_2HPO_4$、$FeC_2O_4 \cdot 2H_2O$ 和 LiF 为原料，在丙酮中进行了 7h 的球磨。接着，在 N_2气氛下进行了 350℃ 预烧结 10h，然后在 95% Ar+5% H_2气氛下进行了 650℃ 煅烧 10h，升温速率为 2℃/min，成功合成了 $LiFePO_4/C$。实验结果表明，在高温条件下，碳涂层的生长具有异向性，其中沿(100)晶面的生长速率要比沿(111)晶面的生长速率快。这种合成材料在 0.1C 的首次放电时展现了出色的充放电比容量，达到了 156.7mA · h/g，经过 50 次充放电循环后，放电比容量仍然维持在 151.2mA · h/g，保持率高达 96.2%。

Zhao Ting 等人以 Li_2CO_3、$FeC_2O_4 \cdot 2H_2O$ 和 $NH_4H_2PO_4$为原料，在丙酮中充分混合，并进行了 4h 的球磨。他们研究了反应时间和温度对电化学性能的影响，发现在 700℃ 和 9h 的条件下获得了最佳结果。在这一条件下，首次充放电比容量分别达到 145mA · h/g 和 151mA · h/g。需要指出的是，降低温度或缩短反应时间可能导致粒子尺寸减小，但不一定会提高电化学性能。这是因为较低的合成温度或较短的合成时间可能降低材料的结晶度，从而影响锂离子的扩散通道，降低电化学性能。因此，$LiFePO_4$的电化学性能是粒子尺寸和结晶度相互作用的结果。

此外，Juan Wang 等人采用 LiH_2PO_4和 Fe_2O_3进行反应，使用葡萄糖、蔗糖、柠檬酸和活性炭作为还原剂和碳源。他们在 N_2气氛下，首先进行了 350℃的 1h 预烧结，然后进行了 600℃的 9h 煅烧，制备出平均粒径为 1μm、比表面积为 71.3m^2/g 的 $LiFePO_4$/C。葡萄糖涂层提高了 $LiFePO_4$复合材料的比表面积，同时增强了复合材料的导电性。该材料的首次充放电比容量达到 150mA · h/g，经过 20 次充放电循环后，放电比容量保持率为 98.5%。

二、液相法

液相法相对于固相法来说，更容易实现反应物的均匀混合，这是因为反应原料在液相中能够更好地溶解和分散。这种方法允许实现纳米级别甚至分子级别的混合，进而在处理前驱体时得到均匀的 $LiFePO_4$晶体。特别是，水热/溶剂热法允许反应原料在高温和高压的极限条件下迅速生成晶体并不断生长。与固相法不同，这种方法避免了需要高能耗的长时间高温煅烧过程。

例如，Jiangfeng Ni 等研究人员采用 $FeSO_4 \cdot 7H_2O$、H_3PO_4和 $LiOH \cdot H_2O$ 作为反应原料，以柠檬酸作为还原剂，将它们在通入氩气的反应釜中加热至 230℃，经过 30min 的反应后，将产物在氩气气氛下 600℃煅烧 1h。结果显示，制备出的磷酸铁锂在 0.1C、1C 和 5C 下具有出色的放电比容量，分别为 162mA · h/g、154mA · h/g 和 122mA · h/g。这项研究证明了水热法能够在短时间内合成高性能的磷酸铁锂。

Zhaoxin Cao 等人使用 $FeSO_4 \cdot 7H_2O$ 作为铁源，$LiOH \cdot H_2O$ 作为锂源，PhyA 生物植酸作为碳源，同时加入不同质量比的葡萄糖溶液和氧化石墨烯，采用溶剂热法在 180℃下进行水热处理 10h。然后，将产物先在 350℃预烧结 2h，然后在 750℃煅烧 4.5h，从而原位合成了大型多孔葡萄糖衍生碳(C)和石墨烯(G)共改性的 $LiFePO_4$复合微球(C@LFP/G)。这种电极材料在 0.1C 下具有出色的首次充放电比容量，高达 163.7mA · h/g，即便在 10C 下，它的放电比容量仍能保持在 94.9mA · h/g。在 1C 下，首次充放电比容量为 131.1mA · h/g，而在经过 500 次充放电循环后，放电比容量保持率仍然高达 97.8%。

此外，Yong Li 等人采用 Li_2CO_3、$FeSO_4 \cdot 7H_2O$ 和 $NH_4H_2PO_4$作为原料，以抗坏血酸作为还原剂，并分别加入苯甲酸、草酸和柠檬酸，在乙二醇中进行了

180℃的水热处理12h。随后，将产物与葡萄糖进行3h的球磨，然后在氩气气氛下进行700℃高温煅烧6h，制备出水稻形 $LiFePO_4/C$。实验结果表明，在0.1C下，首次充放电比容量达到148.13mA·h/g，库仑效率为97.97%。研究人员还探究了在液相法中加入乙二醇对磷酸铁锂颗粒生长和分散性的影响。结果显示，乙二醇的高黏度具有抑制颗粒生长的作用。通过添加柠檬酸，研究人员成功提高了磷酸铁锂的高倍率稳定性，使得经过50次充放电循环后氧化还原峰的对称性更佳。

三、微波加热法

微波加热法是一种直接作用于目标分子的方法，利用电磁场提供的能量来激发原料中的极化效应，从而在材料内部引发摩擦，使温度快速升高，促进反应均匀和快速地进行。通过在微波条件下处理经过机械活化的反应物（也可以添加少量单质铁或活性炭），可以制备出循环性能较好的磷酸铁锂。

例如，K. S. Park等研究人员采用 $(NH_4)_2Fe(SO_4)_2 \cdot 6H_2O$、$H_3PO_4$ 和LiOH作为原料，首先，他们将这三种原料的溶液混合，并在氮气气氛下搅拌10min，然后进行离心和抽滤。随后，将产物干燥后，加入5%的乙炔黑，将其压成黑色盘状，并将其置于充满活性炭的小烧杯中，然后在微波炉中进行数分钟的微波加热，从而得到了 $LiFePO_4$。这里，活性炭充当微波吸收剂的角色，能够快速加热前驱体，并在还原气氛中促使碳氧化反应。重要的是，微波热处理时间通常非常短，而且不需要额外的惰性气氛或还原气体。研究结果显示，经过4min微波加热制备的磷酸铁锂在0.1C下具有出色的首次放电比容量，高达151mA·h/g，而在0.5C和1C下，首次充放电比容量分别达到139mA·h/g和134mA·h/g。更令人鼓舞的是，在1C下进行50次充放电循环后，容量保持非常稳定。

另外，Shulong Liu等研究人员使用 $FeSO_4 \cdot 7H_2O$、H_3PO_4、LiOH和氧化石墨烯作为原料进行实验。他们将这些原料混合，在搅拌3h后，于80℃下烘干12h，将产物压成小球，并置于石英坩埚中，然后在微波炉中进行10min的微波加热，制备出了 $LiFePO_4$/石墨烯。实验结果表明，由微波加热制备的 $LiFePO_4$/石墨烯在0.1C、1C、5C和10C下的首次放电比容量分别为166.3mA·h/g、156.1mA·h/g、132.4mA·h/g和120.9mA·h/g。而在0.1C、1C、3C、5C、10C充放电率下的容量保持率分别高达99.5%、99.2%、99.4%、99.1%和97.1%，表现出出色的高速率性能和循环寿命。微波加热一步到位，成功制备了 $LiFePO_4$/石墨烯复合材料。这项研究验证了氧化石墨烯具有出色的微波吸收性能，能够快速还原成高质量的石墨烯，而无须任何额外的还原剂或气氛。此外，由于石墨烯薄片包裹着磷酸铁锂颗粒，它提供了高速电子传输通道，从而提高了电子电导率，并同时提高了锂离子的扩散系数。此外，由于纳米颗粒被石墨烯薄片包围，材料的稳定性也得到了有效提升。

第五节　磷酸铁锂材料的改性方法

一、形貌控制

众所周知，在 $LiFePO_4$(LFP)中，锂离子的插入和提取是在 *b* 轴方向进行的，因此，控制晶体沿 *a* 轴和 *c* 轴方向的生长有助于降低 *b* 轴晶体的厚度，从而缩短锂离子的扩散路径。通过优化合成工艺，可以实现沿主导方向生长的晶型，或者通过添加辅助试剂来改变合成条件，从而实现晶型的调控，这是提高电化学性能的关键方法。值得注意的是，合成条件的不同会导致合成的晶体形状沿不同的方向生长。这种晶体形状的差异对离子电导率、离子扩散速率以及材料的循环稳定性都产生显著影响。

近年来，研究人员一直致力于研究 $LiFePO_4$的晶体形状，探索适合锂离子传输的晶体形状，这一领域逐渐受到关注。通过将颗粒尺寸缩小到纳米级别，可以增大材料的比表面积，使得电解液能够更充分地与材料接触，增加反应活性位点，缩短锂离子在材料内部的传输距离，从而提高倍率性能和可逆容量。例如，Nan Zhou 等研究人员使用 LiH_2PO_4和 $FeC_2O_4 \cdot 2H_2O$ 作为原料，通过将它们分别溶解在 EG(乙二醇)和 DMF(*N*-*N*-二甲基甲酰胺)中后混合，然后在 225℃下加热 3.5h，抽滤干燥后，与蔗糖一起研磨，并在氮气气氛下经过 600℃的煅烧，成功制备出分层的哑铃状 $LiFePO_4$。实验结果表明，采用 DMF/EG 混合物作为共溶剂的合成方法成功制备了分层哑铃状的 $LiFePO_4$，它是由 30～50nm 直径的 $LiFePO_4$纳米轮轴或纳米棒自组装而成的，磷酸铁锂粒径为 2～3μm。在 0.1C 下，这种材料具有 143mA·h/g 的出色首次放电比容量，而在 0.5C 下进行 70 次充放电循环后，充放电率保持在 95%以上。

另外，Honggui Deng 等研究人员采用 Li_2SO_4、$Fe(NO_3)_3 \cdot 9H_2O$ 和 P_2O_5作为原料，以乙醇为溶剂，通过搅拌和 180℃保温等一系列步骤制备出巢状磷酸铁锂。实验结果显示合成的巢状磷酸铁锂具有独特的分层纳米结构，其中开放的多孔结构确保了电解质迅速渗透到活性材料表面。同时，碳涂层的初级纳米片缩短了 Li^+的扩散路径和电子传导距离，这种结构提供了良好的结构稳定性和电化学性能。在 0.1C 下，巢状磷酸铁锂具有 161mA·h/g 的出色首次放电比容量。

此外，Zhaoxia Cao 等研究人员采用了 LiOH、$Fe(NO_3)_3$和 H_3PO_4作为原料，以 10%PVP(聚乙烯吡咯烷酮)为 N 掺杂碳源前驱体，采用静电纺丝技术制备了(010)取向的 $LiFePO_4$纳米晶体。这种特殊结构的(010)取向的 $LiFePO_4$晶体提供了 Li^+快速传输的通道，而 N 掺杂的碳纤维网络有助于电子的迅速传导，同时提供了多孔结构，有助于电解质的渗透，从而提高了电化学性能。实验结果显示，在 0. 2C 下，这种材料具有 163mA · h/g 的首次放电比容量，而在经过 500 次充放电循环后，放电比容量仍然保持在 152mA · h/g，保持率达到 98. 2%。

二、表面包覆

采用具有优良导电性的材料进行表面包覆是一种常用的改性方法，它不仅有助于提高材料中离子的迁移速率和表面导电性，还在一定程度上抑制了粒子尺寸的过度增长，从而缩短了锂离子(Li^+)脱嵌路径，提高了多方面性能。在表面包覆改性方法中，碳涂层技术被广泛认为是提高 $LiFePO_4$电化学性能最为有效的方法之一。碳包覆可以降低颗粒尺寸，实现电化学性能的优化。

随着研究的不断深入，越来越多的先进碳材料被应用于磷酸铁锂的包覆。值得注意的是，碳源的类型在很大程度上决定了碳膜的特性和性能，例如厚度和均匀性。因此，合适的碳源选择对于获得理想的正极材料至关重要。迄今为止，有机源(如葡萄糖、蔗糖、柠檬酸和乳糖)、无机源(如乙炔黑、碳纳米管和石墨烯)以及大分子聚合物源(如聚吡咯和聚丙烯酸)都已被广泛研究和应用。

例如，Ming Shi 等研究人员采用 $FePO_4 \cdot 7H_2O$、$NH_4H_2PO_4$以及 PAN-b-PMMA (聚丙烯腈-b-聚甲基丙烯酸甲酯)共聚物作为原料，利用原位碳热还原法成功制备了基于新型碳源的 $LiFePO_4/C$ 复合材料。该方法包括将 $FePO_4 \cdot 7H_2O$ 和 $NH_4H_2PO_4$混合后，制备磷酸铁前驱体，并将 $FePO_4$、PAN-b-PMMA 共聚物和 $LiOH \cdot H_2O$ 进行研磨和烘干，然后在氩气气氛下进行 700℃的煅烧 2h。实验结果表明，所制备的 $LiFePO_4/C$ 粒子具有出色的电化学性能。在电流密度为 0. 2C 时，样品提供了高达 165. 3mA · h/g 的最大容量，接近于理论容量(170mA · h/g)。经过 500 次充放电循环后，样品在 30C 下仍然具有 76. 1mA · h/g 的充放电比容量，容量保留率为 96. 5%。PAN-b-PMMA 共聚物碳化后形成的多孔碳层提供了更多的离子通道，有利于 Li^+的扩散。此外，碳层的厚度以及碳源的含量对 $LiFePO_4$的电化学性能有显著影响。

另一种独特的方法是 Fan Li 等研究人员采用 $FeCl_3$、H_3PO_4、$LiOH \cdot H_2O$ 和天然石墨作为原料，制备了将磷酸铁锂颗粒嵌入天然石墨内部的复合材料。他们首先将 $FeCl_3$与天然石墨在 600℃氩气气氛下加热 5h，将 $FeCl_3$熔融进入天然石墨内部，然后将产物、$LiOH \cdot H_2O$、H_3PO_4加入乙二醇中，进行180℃的水热反应24h，制备了镶嵌在天然石墨中的$LiFePO_4$。实验结果表明，这种复合结构材料在不同倍率下具有出色的可逆容量，如0.5C、1C、3C、6C、10C、30C和60C，分别为160.3mA·h/g、155.2mA·h/g、146.1mA·h/g、138.5mA·h/g、127.5mA·h/g、116.6mA·h/g和107.5mA·h/g。即使在进行了2000次充放电循环后，60C下的容量仍然保持在95%以上。这种独特的复合结构不仅具有高导电性的石墨基底，还通过空间限域作用减小了$LiFePO_4$的粒径，实现了纳米级$LiFePO_4$的形成，减小了离子扩散路径，最大限度地减小了界面电阻，同时提供了多孔结构，有利于电解质的有效运输。

三、离子掺杂

除了碳涂层和形貌/尺寸控制方法外，离子掺杂被视为提高$LiFePO_4$本征电子/离子电导率的另一个重要方法。鉴于锂离子扩散速度对倍率性能的限制，通过替代少量的Li^+、Fe^{2+}或O^{2-}来提高高电流密度下的充放电性能成为一种具有潜力的方法。离子掺杂主要包括锂位掺杂和铁位掺杂。

一般来说，稳定的锂位掺杂可能会妨碍锂离子的扩散，从而导致较低的倍率性能。Shiqi Guan等研究人员采用$FeSO_4 \cdot 7H_2O$、$LiOH \cdot H_2O$、H_3PO_4和$MnSO_4 \cdot H_2O$作为原料，通过在二甘醇溶液中进行2h的搅拌、在200℃下保温24h来合成$LiFe_{1-x}Mn_xPO_4/C$。通过使用二甘醇作为溶剂，他们成功制备出沿b轴方向生长的$LiFePO_4$纳米板，从而缩短了锂离子在$LiFePO_4$内的扩散距离。同时，锰被成功掺杂到$LiFePO_4$中，而不改变其形态。经表征，Mn掺杂的$LiFePO_4$纳米板具有约40nm的厚度和120~200nm的横向尺寸。相对于纯$LiFePO_4$纳米板，掺Mn的$LiFePO_4$纳米板在0.1C的速率下具有出色的电化学性能，可提供165mA·h/g的容量。即使在10C的高充放电速率下，容量仍保持在139mA·h/g，经过100次充放电循环后，依然具有出色的循环性能，容量保持率为98.2%。

另一个示例是Li Zhenfei等的研究，他们使用$FeSO_4 \cdot 7H_2O$、H_3PO_4和TiO_2来制备掺杂钛的$FePO_4$。掺杂Ti的前驱体与葡萄糖和Li_2CO_3球磨1h，然后在750℃下煅烧4.5h，制备出了Ti掺杂的$LiFePO_4/C$。结果表明，适度的钛掺杂不会显著改变$LiFePO_4$的晶体结构，但可以稍微减小晶格间距，然而过量的钛元素可能导致锂离子通道堵塞。钛含量对$LiFePO_4$颗粒的特性产生显著影响，可以提高其电化学性能。例如，在0.2C下，放电比容量达到160.2mA·h/g，在1C下，经过500次充放电循环后，容量保持率达到96.8%。值得注意的是，该材料在低温下也表现出色，-20℃时的放电比容量为122.3mA·h/g。

Wang Wen 等研究人员采用 $Fe(NO_3)_3 \cdot 9H_2O$、$NH_4H_2PO_4$、$LiOH \cdot H_2O$、柠檬酸以及硫掺杂石墨烯作为原料，通过溶胶-凝胶法制备了 $LiFePO_4$@ C/SG。实验结果显示，该材料在 0.1C 下的首次放电比容量达到 163.9mA · h/g，即使在 20C 下进行了 400 次充放电循环后，仍然保持着 113.6mA · h/g 的放电比容量。

第六节　本书研究内容

1）利用鸡蛋壳膜作为生物模板，通过微波水热法制备了 $FePO_4$ 前驱体，并通过碳包覆和碳热还原法制备了 $LiFePO_4$/C 复合材料。通过扫描电子显微镜（SEM）、X 射线衍射分析（XRD）、能谱仪分析（EDS）等表征手段，分析了不同反应时间、反应温度、反应液 pH 值、碳源种类和碳源量等因素对 $FePO_4$ 前驱体和 $LiFePO_4$/C 复合材料的形貌、结构和组成的影响，探讨了鸡蛋壳膜作为生物模板对 $FePO_4$ 前驱体和 $LiFePO_4$/C 复合材料的形成机理和作用机制，得到了最佳的制备条件和最优的材料性能。

2）以桂花为生物模板，通过预处理、吸附、微波水热法和空气气氛下煅烧等步骤制备了多孔 $FePO_4$ 前驱体，并通过碳包覆和碳热还原法制备了多孔 $LiFePO_4$/C 复合材料。通过 SEM、XRD、EDS 等表征手段，分析了水热方式、加入桂花的量及络合剂对多孔 $FePO_4$ 前驱体和多孔 $LiFePO_4$/C 复合材料的形貌、结构和组成的影响，探讨了桂花作为生物模板对多孔 $FePO_4$ 前驱体和多孔 $LiFePO_4$/C 复合材料的形成机理和作用机制。还通过循环伏安法、恒流充放电法、交流阻抗法等电化学测试手段，评价了多孔 $LiFePO_4$/C 复合材料的电化学性能，并与无模板制备的 $LiFePO_4$/C 复合材料进行了对比分析，得到了最佳的电化学性能。

3）通过掺入 F 元素，制备了多孔 $LiFePO_4-xF_x$/C 复合材料。通过 SEM、XRD 和 EDS 表征手段，分析了不同 F 掺杂量对多孔 $LiFePO_{4-x}F_x$/C 复合材料的形貌、结构和组成的影响，探讨了 F 元素对多孔 $LiFePO_{4-x}F_x$/C 复合材料的改性机理和作用效果。还通过循环伏安法、恒流充放电法、交流阻抗法等电化学测试手段，评价了多孔 $LiFePO_{4-x}F_x$/C 复合材料的电化学性能，并与无 F 掺杂的多孔 $LiFePO_4$/C 复合材料进行了对比分析，得到了最优的 F 掺杂量和最佳的电化学性能。

4）以香蕉皮为生物模板，通过预处理、吸附、微波水热法和氩气气氛下煅烧等步骤制备了碳网包覆的球形 $FePO_4$ 前驱体，并通过碳包覆和碳热还原法制备了碳网包覆的球形 $LiFePO_4$/C 复合材料。通过 SEM、XRD、EDS 等表征手段，分析了加入香蕉皮的质量比对碳网包覆的球形 $FePO_4$ 前驱体和碳网包覆的球形

$LiFePO_4/C$ 复合材料的形貌、结构和组成的影响，探讨了香蕉皮作为生物模板的碳网包覆的球形 $FePO_4$ 前驱体和碳网包覆的球形 $LiFePO_4/C$ 复合材料的形成机理和作用机制。还通过循环伏安法、恒流充放电法、交流阻抗法等电化学测试手段，评价了碳网包覆的球形 $LiFePO_4/C$ 复合材料的电化学性能，并与无模板制备的 $LiFePO_4/C$ 复合材料进行了对比分析，得到了最佳的制备条件和最优的材料性能。

5）油菜花是一种常见的农作物，具有多孔结构和高比表面积。通过预处理和微波水热法使得 $FePO_4$ 在油菜花的植物结构内部反应生成，然后通过煅烧得到碳网包覆的球形颗粒。采用研磨和二次煅烧的方法制备了多孔 $LiFePO_4/C$ 复合材料。通过 SEM、EDS、电导率、倍率性能和循环性能测试分析了加入的生物模板的质量比对前驱体碳网包覆 $FePO_4$ 和该前驱体制备的碳网包覆 $LiFePO_4/C$ 的物理特性和电化学性能的影响，得到最佳的电化学性能的制备条件。

6）研究了利用柚子皮多孔碳对磷酸铁锂正极材料进行碳包覆改性的方法和效果。柚子皮是一种廉价且富含纤维素的生物质材料，通过预处理和高温煅烧可以得到多孔碳。采用微波水热法合成了不同浓度的柚子皮多孔碳包覆的 $FePO_4$ 前驱体，并通过研磨和煅烧制备了 $LiFePO_4/C$ 复合材料。通过 SEM、XRD 等表征手段分析了材料的形貌、结构和纯度，并通过电化学测试评价了材料的电化学性能。

7）采用微波水热法合成花状 $FePO_4$，将花状 $FePO_4$ 前驱体与 $LiOH \cdot H_2O$ 和抗坏血酸充分混合，在红外灯下充分研磨后，经氩气气氛下预烧结和加入葡萄糖碳源二次烧结后制得花状 $LiFePO_4/C$。通过 SEM、XRD、倍率性能和循环性能测试探究了微波水热的时间对前驱体 $FePO_4$ 物理性能和该前驱体制备的花状 $LiFePO_4/C$ 电化学性能的影响，得到最佳电化学性能的制备条件。

参 考 文 献

[1] Ho V T, Chang K, Lee S W, et al. Transient thermal analysis of a Li-ion battery module for electric cars based on various cooling fan arrangements[J]. Energies, 2020, 13(9): 2387.

[2] Wang W, Tang M, Yan Z. Superior Li-storage property of an advanced $LiFePO_4$@C/S-doped graphene for lithium-ion batteries[J]. Ceramics International, 2020, 26(4): 1599-1609.

[3] Stockley T, Thanapalan K, Bowkett M, et al. Design and implementation of OCV prediction mechanism for PV-lithium ion battery system[C]//2014 20th International Conference on Automation and Computing, Cranfield, UK, 2014: 49-54.

[4] Kumar, Charanadhar M S, Srikanth N, et al. Kota Bhanu SankaraRaj, Baldev. Materials in harnessing solar power[J]. Bulletin of Materials Science, 2018, 41(2): 6.

[5] Zheng C W, Xiao Z N, Peng Y H, et al. Rezoning global offshore wind energy resources [J]. Renewable Energy, 2018, 129(66): 1-11.

[6] Wang H, Wang G, Qi J, et al. Scarcity-weighted fossil fuel footprint of China at the provincial level[J]. Applied Energy, 2019, 258: 114081.

[7] Ivanishchev A V, Ivanishcheva I A, Dixit A. $LiFePO_4$-based composite Electrode material: Synthetic approaches, peculiarities of the structure, and regularities of Ionic transport processes [J]. Russian Journal of Electrochemistry, 2019, 55(8): 719-737.

[8] Hariprakash B, Gaffoor S A. Lead-acid cells with lightweight, corrosion-protected, flexible-graphite grids[J]. Journal of Power Sources, 2007, 173(1): 565-569.

[9] Periasamy P, Babu B R, Iyer S V. Performance characterization of sintered iron electrodes in nickel/iron alkaline batteries[J]. Journal of Power Sources, 1996, 62(1): 9-14.

[10] Shin S M, Shin D J, Jung G J, et al. Recovery ofelectrode powder from spent nickel-metal hydride batteries (NiMH) [J]. Archives of Metallurgy and Materials, 2015, 60(2): 1139-1143.

[11] Zeng X Q, Li M, Abd El-Hady D, et al. Commercialization oflithium battery technologies for electric vehicles [J]. Advanced Energy Materials, 2019, 9(27): 12.

[12] Kulova T L, Fateev V N, Seregina E A, et al. Abrief review of post-lithium-ion batteries [J]. International Journal of Electrochemical Science, 2020, 15(8): 7242-7259.

[13] Komaba S, Yabuuchi N, Kawamoto Y, et al. Anew polymorph of layered $LiCoO_2$[J]. Chemistry Letters, 2009, 38(10): 954-955.

[14] Tan J, Wang Z, Li G, et al. Electrochemicallydriven phase transition in $LiCoO_2$ cathode[J]. Materials, 2021, 14(2): 242.

[15] Van der Ven A, Aydinol M K, Ceder G, et al. First-principles investigation of phase stability in Li_xCoO_2[J]. Physical Review B, 1998, 58(6): 2975-2987.

[16] Chen Z H, Lu Z H, Dahn J R, et al. Staging phase transitions in Li_xCoO_2[J]. Journal of the Electrochemical Society, 2002, 149(12): A1604.

[17] Daheron L, Dedryvere R, Martinez H, et al. Electron transfer mechanisms upon lithium deintercalation from $LiCoO_2$ to CoO_2 investigated by XPS [J]. Chem Mater, 2008, 20(2): 583-590.

[18] Qi L, Xin S, Dan L, et al. Approaching the capacity limit of lithium cobalt oxide in lithium ion batteries via lanthanum and aluminium doping [J]. Nature Energy, 2018, 3(11): 936-943.

[19] Xu L, Wang K, Gu F, et al. Determining the intrinsic role of Mg doping in $LiCoO_2$[J]. Materials Letters, 2020, 277(35): 17.

[20] Li Z, Ren X, Zheng Y, et al. Effect of Ti doping on $LiFePO_4$/C cathode material with enhanced low-temperature electrochemical performance[J]. Ionics, 2020, 26(4): 1-11.

[21] He S Y, Wei A J, Li W, et al. Al-Ti-oxide coated $LiCoO_2$ cathode material with enhanced electrochemical performance at a high cutoff charge potential of 4.5 V [J]. Journal of Alloys and Compounds, 2019, 799(32): 137-146.

[22] Deng Y M, Kang T X, Ma Z, et al. Safety influences of the Al and Ti elements modified $LiCoO_2$ materials on $LiCoO_2$/graphite batteries under the abusive conditions [J]. Electrochimica Acta, 2019, 295: 703-709.

[23] Cao Q, Zhang H P, Wang G J, et al. A novel carbon-coated $LiCoO_2$ as cathode material for lithium-ion battery [J]. Electrochem Commun, 2007, 9(5): 1228-1232.

[24] Nakamura E, Kondo A, Matsuoka M, et al. Preparation of $LiCoO_2/Li_{1.3}Al_{0.3}Ti_{1.7}(PO_4)_3$ composite cathode granule for all-solid-state lithium-ion batteries by simple mechanical method [J]. Adv Powder Technol, 2016, 27(3): 825-829.

[25] Sivajee-Ganesh K, Purusottam-Reddy B, Hussain O M, et al. Influence of Ti and Zr dopants on the electrochemical performance of $LiCoO_2$ film cathodes prepared by rf-magnetron sputtering [J]. Mater Sci Eng B-Adv, 2016, 209: 30-36.

[26] Taguchi N, Sakaebe H, Akita T, et al. Characterization of Surface of $LiCoO_2$ Modified by Zr Oxides Using Analytical Transmission Electron Microscopy [J]. Journal of the Electrochemical Society, 2014, 161(10): A1521.

[27] Yu L, Liu T, Amine R, et al. Highnickel and no cobalt—the pursuit of next-generation layered oxide cathodes[J]. ACS Applied Materials & Interfaces, 2022, 14(20): 23056-23065.

[28] 刘小九，李东林，任旭强，等. Fe/W 共掺杂对 $LiNiO_2$ 正极材料结构和电化学性能的影响[J]. 功能材料，2023，54(05)：5192-5197.

[29] Mesnier A, Manthiram A. Synthesis of $LiNiO_2$ atmoderate oxygen pressure and long-term cyclability in lithium-ion full cells [J]. ACS Applied Materials & Interfaces, 2020, 12(47): 52826-52835.

[30] Bianchini M, Fauth F, Hartmann P, et al. An in situ structural study on the synthesis and decomposition of $LiNiO_2$[J]. Journal of Materials Chemistry A, 2020, 8(4): 1808-1820.

[31] Wang D, Xin C, Zhang M, et al. Intrinsic role of cationic substitution in tuning Li/Ni mixing in high-Ni layered oxides[J]. Chemistry of Materials, 2019, 31(8): 2731-2740.

[32] Orlova E D, Savina A A, Abakumov S A, et al. Comprehensive study of Li^+/Ni^{2+} disorder in Ni-rich NMCs cathodes for Li-ion batteries [J]. Symmetry, 2021, 13(9): 1628.

[33] Xu J, Lin F, Nordlund D, et al. Elucidation of the surface characteristics and electrochemistry of high-performance $LiNiO_2$[J]. Chemical Communications, 2016, 52(22): 4239-4242.

[34] Ha H W, Jeong K H, Kim K. Effect of titanium substitution in layered $LiNiO_2$ cathode material prepared by molten-salt synthesis [J]. J Power Sources, 2006, 161(1): 606-611.

[35] Vandenberg A, Hintennach A. A comparative microwave-assisted synthesis of carbon-coated $LiCoO_2$ and $LiNiO_2$ for lithium-ion batteries[J]. Russian Journal of Electrochemistry, 2015, 51(4): 310-317.

[36] Kong X, Li D, Fedorovskaya E O, et al. New insights in Al-doping effects on the $LiNiO_2$ posi-

tive electrode material by a sol-gel method[J]. International Journal of Energy Research, 2021, 45(7): 10489-10499.

[37] Thackeray M M, Lee E, Shi B, et al. Review-from $LiMn_2O_4$ to partially-disordered Li_2MnNiO_4: the evolution of lithiated-spinel cathodes for Li-ion batteries[J]. Journal of the Electrochemical Society, 2022, 169(2): 020535.

[38] Zhang S, Deng W, Momen R, et al. Element substitution of a spinel $LiMn_2O_4$ cathode [J]. Journal of Materials Chemistry A, 2021, 9(38): 21532-21550.

[39] Marincas A H, Goga F, Dorneanu S A, et al. Review on synthesis methods to obtain $LiMn_2O_4$-based cathode materials for Li-ion batteries [J]. Journal of Solid State Electrochemistry, 2020, 24: 473-497.

[40] Wu N, Yang D, Liu J, et al. Study on accelerated capacity fade of $LiMn_2O_4$/graphite batteries under operating-mode cycling conditions [J]. Electrochimica Acta, 2012, 62(12): 91-96.

[41] Li P, Luo S, Wang J, et al. Preparation and electrochemical properties of Al-F co-doped spinel $LiMn_2O_4$ single-crystal material for lithium-ion battery[J]. International Journal of Energy Research, 2021, 45(15): 21158-21169.

[42] Liu Y, Lv J, Fei Y, et al. Improvement of storage performance of $LiMn_2O_4$/graphite battery with Al_3-coated $LiMn_2O_4$[J]. Ionics, 2013, 19: 1241-1246.

[43] Ali H G, Khan K, Hanif M B, et al. Advancements in two-dimensional materials as anodes for lithium-ion batteries: Exploring composition-structure-property relationships emerging trends, and future perspective[J]. Journal of Energy Storage, 2023, 73: 108980.

[44] Wu X, Li X, Wang Z, et al. Improvement on the storage performance of $LiMn_2O_4$ with the mixed additives of ethanolamine and heptamethyldisilazane[J]. Applied surface science, 2013, 268: 349-354.

[45] Hu P, Duan Y L, Hu D P, et al. Rigid-flexible coupling high ionic conductivity polymer electrolyte for an enhanced performance of $LiMn_2O_4$/graphite battery at elevated temperature [J]. ACS Applied Materials & Interfaces, 2015, 7(8): 4720-4727.

[46] Jung C H, Shim H, Eum D, et al. Challenges and recent progress in $LiNi_xCo_yMn_{1-x-y}O_2$ (NCM) cathodes for lithium ion batteries[J]. Journal of the Korean Ceramic Society, 2021, 58: 1-27.

[47] Huang B, Qian K, Liu Y, et al. Investigations on the Surface degradation of $LiNi_{1/3}Co_{1/3}Mn_{2/3}O_2$ after Storage[J]. ACS Sustainable Chemistry & Engineering, 2019, 7(7): 7378-7385.

[48] Tornheim A, Maroni V A, He M, et al. Enhanced raman scattering from ncm523 cathodes coated with electrochemically deposited gold[J]. Journal of the Electrochemical Society, 2017, 164 (13): A3000.

[49] Kim Y J, Ryu K S. Temperature dependent electrochemical performance of $LiNi_{0.6}Co_{0.2}Mn_{0.2}O_2$ coated with Li_2ZrO_3 for Li-ion batteries[J]. Journal of Electroceramics, 2020: 1-12.

[50] Lee G J, Abbas M A, Bang J H. Pillareffect in Ni-rich cathode of Li-ion battery by NH_3 thermal treatment [J]. Bulletin of the Korean Chemical Society, 2021, 42(6): 934-937.

[51] Liang C P, Kong F T, Longo R C, et al. Site-dependent multicomponent doping strategy for Ni-rich $LiNi_{1-2y}Co_yMn_yO_2$(y=1/12) cathode materials for Li-ion batteries [J]. Journal of Materials Chemistry A, 2017, 5(48): 25303-25313.

[52] Li M, Liu T C, Bi X X, et al. Cationic and anionic redox in lithium-ion based batteries [J]. Chemical Society Reviews, 2020, 49(6): 1688-1705.

[53] Gent W E, Li Y Y, Ahn S, et al. Persistent state-of-Charge heterogeneity in relaxed, partially charged $Li_{1-x}Ni_{1/3}Co_{1/3}Mn_{1/3}O_2$ secondary particles [J]. Advanced Materials, 2016, 28(31): 6631-6638.

[54] Koerver R, Aygun I, Leichtweiss T, et al. Capacityfade in solid-state batteries: interphase formation and chemomechanical processes in nickel-rich Layered oxide cathodes and lithium thiophosphate solid electrolytes [J]. Chem Mater, 2017, 29(13): 5574-5582.

[55] Kim H, Kim S B, Park D H, et al. Fluorine-doped $LiNi_{0.8}Mn_{0.1}Co_{0.1}O_2$ cathode for high-performance lithium-ion batteries [J]. Energies, 2020, 13(18): 4808.

[56] Guan S Q, Hu Z H, Dong Y, et al. A facile solvothermal synthesis of Mn-doped $LiFePO_4$ nanoplates with improved electrochemical performances [J]. Ionics, 2021, 27(1): 21-30.

[57] Chen Z, Wang J, Chao D, et al. Hierarchical porous $LiNi_{1/3}Co_{1/3}Mn_{1/3}O_2$ nano-/micro spherical cathode material: Minimized cation mixing and improved Li^+ mobility for enhanced electrochemical performance[J]. Scientific Reports, 2016, 6(1): 25771.

[58] Padhi A K, Nanjundaswamy K S, Goodenough J B. Phospho-olivines as positive-electrode materials for rechargeable lithium batteries [J]. Journal of the Electrochemical Society, 1997, 144(4): 1188.

[59] Trudeau M L. Advanced materials for energy storage [J]. MRS Bulletin, 1999, 24(11): 23-26.

[60] Scrosati B, Garche J. Lithium batteries: Status, prospects and future [J]. J Power Sources, 2010, 195(9): 2419-2430.

[61] Qays M O, Buswig Y, Hossain M L, et al. Recent progress and future trends on the state of charge estimation methods to improve battery-storage efficiency: A review [J]. Csee Journal of Power and Energy Systems, 2022, 8(1): 105-114.

[62] Zhang H H, Zou Z G, Zhang S C, et al. A review of thedoping modification of $LiFePO_4$ as a cathode material for lithium ion batteries [J]. International Journal of Electrochemical Science, 2020, 15(12): 12041-12067.

[63] Liu C Y, Cheng X X, Li B H, et al. Fabrication and characterization of 3D-printed highly-porous 3D $LiFePO_4$ electrodes by Low temperature direct writing process [J]. Materials, 2017, 10(8): 934.

[64] Jugović D, Uskoković D. A review of recent developments in the synthesis procedures of lithium iron phosphate powders[J]. Journal of Power Sources, 2009, 190(2): 538-544.

[65] Hoang K, Johannes M. Tailoring native defects in $LiFePO_4$: Insights from first-principles calculations [J]. Chem Mater, 2011, 23(11): 3003-3013.

[66] Feng T, Li L P, Shi Q, et al. Evidence for the influence of polaron delocalization on the electrical transport in $LiNi_{0.4+x}Mn_{0.4-x}Co_{0.2}O_2$ [J]. Phys Chem Chem Phys, 2020, 22(4): 2054-2060.

[67] Jiang J, Liu W, Chen J T, et al. $LiFePO_4$ nanocrystals: Liquid-Phase reduction synthesis and their electrochemical performance [J]. Acs Appl Mater Inter, 2012, 4(6): 3062-3068.

[68] Dupré N, Cuisinier M, Zheng Y, et al. Evolution of $LiFePO_4$ thin films interphase with electrolyte[J]. Journal of Power Sources, 2018, 382: 45-55.

[69] Ni S, Tan S, An Q, et al. Three dimensional porous frameworks for lithium dendrite suppression [J]. Journal of Energy Chemistry, 2020, 44: 73-89.

[70] Zhi X, Liang G, Ou X, et al. Synthesis and electrochemical performance of $LiFePO_4$/C composite by Improved solid-state method using a complex carbon source [J]. Journal of the Electrochemical Society, 2017, 164(6): A1285.

[71] Cheng W H, Wang L, Zhang Q B, et al. Preparation and characterization of nanoscale $LiFePO_4$ cathode materials by a two-step solid-state reaction method [J]. Journal of Materials Science, 2017, 52(4): 2366-2372.

[72] 张婷，林森，于建国. 磷酸铁锂正极材料的制备及性能强化研究进展[J]. 无机盐工业，2021，53(6)：31-40.

[73] Dong Y Z, Zhao Y M, Chen Y H, et al. Optimized carbon-coated $LiFePO_4$ cathode material for lithium-ion batteries [J]. Materials Chemistry and Physics, 2009, 115(1): 245-250.

[74] Zhao T, Zhang X J, Li X, et al. Crystallinity dependence of electrochemical properties for $LiFePO_4$[J]. Rare Metals, 2015, 34(5): 334-337.

[75] Wang J, Shao Z B, Ru H Q. Influence of carbon sources on $LiFePO_4$/C composites synthesized by the high-temperature high-energy ball milling method [J]. Ceram Int, 2014, 40(5): 6979-6985.

[76] Ratchai E. Microwave-assisted solid state synthesis of cathode materials incorporating chitin for lithium iron phosphate batteries[D]. Hat Yai: Prince of Songkla University, 2022.

[77] Shang W L, Kong L Y, Ji X W. Synthesis, characterization and electrochemical performances of $LiFePO_4$/graphene cathode material for high power lithium-ion batteries [J]. Solid State Sciences, 2014, 38(16): 79-84.

[78] Xia J, Zhu F, Wang G, et al. Synthesis of $LiFePO_4$/C using ionic liquid as carbon source for lithium ion batteries [J]. Solid State Ionics, 2017, 308(74): 133-138.

[79] Ni J, Morishita M, Kawabe Y, et al. Hydrothermal preparation of $LiFePO_4$ nanocrystals mediated

by organic acid [J]. J Power Sources, 2010, 195(9): 2877-2882.

[80] Cao Z, Zhu G, Zhang R, et al. Biological phytic acid guided formation of monodisperse large-sized carbon@ $LiFePO_4$/graphene composite microspheres for high-performance lithium-ion battery cathodes[J]. Chemical Engineering Journal, 2018, 351: 382-390.

[81] Li Y, Wang J, Yao J, et al. Enhanced cathode performance of $LiFePO_4$/C composite by novel reaction of ethylene glycol with different carboxylic acids [J]. Materials Chemistry and Physics, 2019, 224(22): 293-300.

[82] Wang X J, Ren J X, Li Y Z, et al. Synthesis of cathode material carbon-included $LiFePO_4$ by microwave heating [J]. Chinese Journal of Inorganic Chemistry, 2005, 21(2): 249-252.

[83] Uematsu K, Ochiai A, Toda K, et al. Solid chemical reaction by microwave heating for the synthesis of $LiFePO_4$ cathode material [J]. J Ceram Soc Jpn, 2007, 115(1343): 450-454.

[84] Hasanah L M, Purwanto A, Pambayun E D, et al. Fabrication and Electrochemical Performance of $LiFePO_4$/C as Cathode Material for Lithium Ion Battery[C]//2018 5th International Conference on Electric Vehicular Technology (ICEVT). Surakarta, Indonesia, 2018: 188-192.

[85] Liu S, Yan P, Li H, et al. One-step microwave synthesis of micro/nanoscale $LiFePO_4$/graphene cathode with high performance for lithium-ion batteries[J]. Frontiers in Chemistry, 2020, 8: 104.

[86] Kerbel B M, Katsnelson L M, Falkovich Y V. Continuous solid-phase synthesis of nanostructured lithium iron phosphate powders in air [J]. Ceram Int, 2018, 44(7): 8397-8402.

[87] Chen G Y, Song X Y, Richardson T J. Metastable solid-solution phases in the $LiFePO_4$/$FePO_4$ system [J]. Journal of the Electrochemical Society, 2007, 154(7): A627.

[88] Yang G, Jiang C Y, Cai F P, et al. Research progresses of micro/nano-structured $LiFePO_4$ cathode material for lithium-ion batteries [J]. Rare Metal Materials and Engineering, 2011, 40 (102): 457-460.

[89] Liang F, Dai Y N, Yi H H, et al. Nano-scale $LiFePO_4$ as lithium ion battery cathode materials [J]. Progress In Chemistry, 2008, 20(10): 1606-1611.

[90] Zhou N, Wang H Y, Uchaker E, et al. Additive-free solvothermal synthesis and Li-ion intercalation properties of dumbbell-shaped $LiFePO_4$/C mesocrystals[J]. Journal of Power Sources, 2013, 239(oct. 1): 103-110.

[91] Deng H, Jin S, Zhan L, et al. Nest-like $LiFePO_4$/C architectures for high performance lithium ion batteries[J]. Electrochimica Acta, 2012, 78: 633-637.

[92] Cao Z, Sang M, Chen S, et al. In situ constructed (010)-oriented $LiFePO_4$ nanocrystals/carbon nanofiber hybrid network: Facile synthesis of free-standing cathodes for lithium-ion batteries[J]. Electrochimica Acta, 2020, 333: 135538.

[93] Wang G X, Yang L, Bewlay S L, et al. Electrochemical properties of carbon coated $LiFePO_4$ cathode materials[J]. Journal of Power Sources, 2005, 146(1-2): 521-524.

[94] Shin H C, Cho W I, Jang H. Electrochemical properties of carbon-coated $LiFePO_4$ cathode using graphite, carbon black, and acetylene black [J]. Electrochimica Acta, 2006, 52(4): 1472-1476.

[95] Shi M, Li R, Liu Y. In situ preparation of $LiFePO_4/C$ with unique copolymer carbon resource for superior performance lithium-ion batteries[J]. Journal of Alloys and Compounds, 2021, 854: 157-162.

[96] Li F, Tao R, Tan X, et al. Graphite-embedded lithium iron phosphate for high-power-energy cathodes[J]. Nano Letters, 2021, 21(6): 2572-2579.

第二章　以鸡蛋壳膜为生物模板制备磷酸铁锂及其表面形貌、结构研究

第一节　引　　言

随着锂离子电池技术的不断发展，磷酸铁锂作为一种重要的正极材料，备受瞩目。其资源丰富、价格经济、环保、高度安全可靠以及潜在的发展前景，使得磷酸铁锂一直以来都备受关注。然而，尽管磷酸铁锂已经广泛用于锂离子电池的正极材料中，但其电压平台相对较低(约 3.4V)，与目前市面上主要使用的商业化正极材料如 $LiCoO_2$、$LiMn_2O_4$及三元材料(电压平台约 4V)相比，存在一定的差距，这限制了其与其他商业化电极材料的互换和互用，从而限制了其广泛应用和推广的机会。

为了提高磷酸铁锂的性能，简化制备方法并提升其结构性能，我们采用了一种环保、简便且易于控制的生物模板法进行了实验探究。具体而言，我们以鸡蛋壳内膜为碳源、三氯化铁为铁源、磷酸为磷源、PVP 为表面活性剂以及 EDTA 为反应的络合剂，成功制备出多孔碳结构的片状磷酸铁锂材料。

首先，鸡蛋壳膜经过一定浓度的 NaOH 碱液预处理，然后在 40℃ 下干燥 24h，以作为生物基模板。生物基模板随后与铁源和磷源发生反应，加入质量为 0.03g 的表面活性剂 PVP，接着加入锂离子，并进行 1h 的搅拌，然后再在氩气气氛中进行 700℃、12h 的烧制。

通过 X 射线衍射和扫描电子显微镜等技术，我们对所制备材料的微观结构和表面形貌进行了详尽的研究。结果表明，这种多孔且片状的结构拥有出色的孔洞框架，其密度适中，为电池反应提供了更多的反应场所。一旦锂离子被引入，它们可以与电解液充分反应，加速锂离子的传输速率，从而有望提高磷酸铁锂作为锂离子电池正极材料的电化学性能。

这一研究旨在探讨一种新的、环保的方法，通过生物模板法合成磷酸铁锂材料，为锂离子电池的正极材料提供更好的性能，同时降低生产过程中对环境的不利影响。我们的研究为进一步探索磷酸铁锂材料的性能优化和应用提供了重要的基础。

第二节　磷酸铁锂的制备

一、实验部分

（一）实验仪器及材料

（1）实验设备

本实验所使用的设备见表 2-1。

表 2-1　实验所用设备及其信息表

设备名称	型号	生产厂家
电子天平	FA1104	上海舜玉恒平科学仪器公司
真空干燥箱	DZF-6050	上海一恒科学仪器有限公司
数显恒温磁力加热搅拌器	HJ-4A	金坛市城东新瑞仪器厂
微波高温马弗炉	HY-MF1516	湖南华冶微波科技有限公司
恒温鼓风干燥箱	DHG-9023A	上海市精宏仪器设备有限公司
集热式恒温磁力搅拌器	DF-101S	江苏金怡仪器科技有限公司
场发射扫描电子显微镜	SU-5000	日立高新技术公司
X 射线衍射仪	X′Pert Pro	荷兰帕纳科公司
X 射线光电子能谱仪	ESCALAB 250xi	美国热电公司
循环水式多用真空泵	SHB-3	长沙明杰仪器有限公司

（2）实验用具

本实验所使用的用具见表 2-2。

表 2-2　实验所用用具及其信息表

用具名称	尺　寸
玛瑙研磨钵	R=70mm
烧杯	V=200mL
蒸发皿	R=100mm
镊子	常规
药勺	常规
瓷舟	30mm
称量纸	50mm×50mm
抽滤纸	R=60mm
防护手套	常规
磁石	常规

（3）实验药品

本实验所有使用的试剂及材料见表2-3，化学试剂皆为分析纯等级（AR）。

表2-3 实验所用药品及其信息表

试剂及材料	化学式	形态	生产厂家	相对分子质量	含量/%	备注
六水合三氯化铁	$FeCl_3 \cdot 6H_2O$	黄褐色晶体/结晶块	西陇科学股份有限公司	270.30	≥99.0	在空气中易吸潮，密封于干燥处保存，称量时要尽快
磷酸	H_3PO_4	无色、无嗅、黏稠液体	西陇科学股份有限公司	98.00	≥85.0	属于中强酸，使用前做防护，密封保存
氢氧化锂（一水）	$LiOH \cdot H_2O$	白色粉末	西陇化工股份有限公司	41.96	≥98.0	强碱性，在空气中易吸收二氧化碳，密封保存于干燥处
乙二胺四乙酸	$C_{10}H_{16}N_2O_8$/EDTA	白色粉末	西陇科学股份有限公司	292.24	≥99.5	密封保存
聚乙烯吡咯烷酮	PVP	白色粉末	源叶生物			密封保存
十六烷基三甲基溴化铵	$C_{19}H_{42}NBr$/CTAB	无色结晶/白色结晶	西陇科学股份有限公司	364.45	≥99.0	密封干燥保存；有吸湿性，在酸性溶液中稳定
鸡蛋壳膜	（蛋白质）	白色半透明膜状	（食品店、厨房收集）			干燥膜非常轻薄，要保持干燥和密封保存

（二）磷酸铁锂材料的制备

（1）鸡蛋壳内膜的处理

在日常餐后收集鸡蛋壳的残余部分，经过仔细处理，我们得以获取鸡蛋壳内膜，为后续研究提供了重要的生物模板。首先，将鸡蛋壳残余物经蒸馏水多次洗净，剥离出鸡蛋壳内膜，然后用蒸馏水反复清洗，确保表面黏液得以彻底清除。

随后，将鸡蛋壳内膜置于1mol/L NaOH溶液中，经过迅速地漂洗过程，进一步净化处理。随后，再次用蒸馏水进行反复洗涤，直至达到中性状态。这一系列处理过程确保了鸡蛋壳内膜的高质量准备。

接下来，将处理过的鸡蛋壳内膜置于恒温干燥箱中，在40℃的温度下干燥24h，以确保其完全干燥。随后，将其剪切成细碎的形态，并储存在广口试剂瓶中，以备后续实验使用。

（2）磷酸铁的制备

使用电子天平精确称取2.0563g的$FeCl_3$和1.2420g的H_3PO_4（实验所用的为

15mL 含量 85%的磷酸溶液)，分别置于容量为 200mL 的烧杯中。接着，分别溶解于 50mL 蒸馏水中，添加适量的不同表面活性剂(如 CTAB、PVP)以及络合剂 EDTA，制备氯化铁溶液和磷酸溶液。

将盛有氯化铁溶液的烧杯置于磁力搅拌器上。在 25℃的条件下，以 100r/min 的速度持续搅拌，同时缓慢加入硝酸溶液和生物模板剂(鸡蛋壳内膜)。在经过一定时间的搅拌后，停止搅拌，并将体系静置一段时间，以促使反应的进行，制得磷酸铁。

(3) 磷酸铁锂的制备

用电子天平准确称取 0.3036g 的 LiOH，然后将其溶解于适量蒸馏水中，以制备一份 50mL 的溶液。在搅拌的条件下，将氢氧化锂溶液缓慢地混合入磷酸铁溶液中。在经过一定时间的搅拌后，停止搅拌，将体系静置，等待反应的进行。

使用循环水式多用真空泵进行减压抽滤，然后用蒸馏水对滤液进行中性洗涤。最后，将湿滤饼置于恒温干燥箱中，在 100℃的温度下干燥 2h，从而制备出所需的磷酸铁锂材料。

(4) 片状磷酸铁锂的制备

首先，在氩气或氮气的保护下，进行高温退火，具体的温度和时间会根据实验方案来确定。这一过程非常关键，它直接影响着磷酸铁锂的制备质量。

值得注意的是，鸡蛋壳内膜本身含有碳水化合物，在经过高温处理后，碳水化合物会碳化，从而形成磷酸铁锂的基本结构骨架。这一过程让我们获得了具备原位碳膜基底的片状磷酸铁锂材料。

(三) 材料的表征

在材料的表征方面，我们采用了多种方法，其中包括 X 射线衍射分析和场发射扫描电子显微镜分析。

首先，我们通过 X 射线衍射仪来测定材料的晶型结构。这项分析提供了材料的衍射图谱，通过分析这些图谱，我们可以了解磷酸铁锂材料的结晶程度、晶粒结构以及晶胞系数等重要数据。这有助于我们深入了解材料的晶体性质和结构。

其次，我们运用场发射扫描电子显微镜(型号：SU-5000，日立高新技术公司)来观察材料的微观形貌。通过在不同倍率下观察，我们可以研究材料的颗粒大小、形状等微观特征，并分析这种制备方式对所得材料的影响。

(四) 材料影响因素

(1) 络合剂

在研究中，我们探究了络合剂 EDTA 对磷酸铁锂的制备过程所产生的影响。EDTA 是一种微溶于水的有机溶剂，具有与三价铁离子发生作用的特性。这种作用有助于将游离的Fe^{3+}牢固结合在生物剂模板上，从而使其在溶液中更加稳定。

EDTA 的存在可能会在材料的形貌和结构中引起重要的变化，尤其在磷酸铁锂的制备过程中，其影响显著。通过深入了解 EDTA 在反应过程中的作用机制，我们可以更全面地理解其对磷酸铁锂的微观和宏观外观所产生的影响。这有助于揭示制备过程中的关键因素，为优化制备工艺和材料性能提供宝贵的参考。

（2）表面活性剂

我们探究了两种常见表面活性剂——PVP 和 CTAB 对磷酸铁锂的制备过程所产生的影响。在磷酸铁锂的制备过程中，常常出现颗粒团聚的现象，这意味着微观球型或中空骨架结构可能会大量聚集成团，这种团聚现象可能破坏了微观结构，减少了微观结构提供的重要反应场所和通道，从而不利于提高材料的电化学性能。

为了防止这种团聚现象的发生，我们采用一些具有分散能力的试剂，即表面活性剂，对生物基模板的表面进行修饰。PVP 是一种性能卓越的表面活性剂(或分散剂)，具有成本较低、与生物技术模板兼容性良好等特点。此外，CTAB 则是一种阳离子型表面活性剂，在这一实验中起到了分散粒子的作用。

我们将分别研究这两种表面活性剂对材料的影响。这个研究旨在深入了解不同表面活性剂如何影响材料的微观和宏观结构，以揭示它们对磷酸铁锂性能的潜在影响，为未来的研究和应用提供更多的信息和参考。

（3）搅拌时长

我们考察了搅拌时长对磷酸铁锂在溶液中与鸡蛋壳膜接触和反应的过程中所产生的影响。鸡蛋壳膜在实验初期首先充分接触铁源，这有助于将Fe^{3+}有效地附着在膜的表面。随后，磷源被引入，经过一定时间，与蛋壳表面附着的Fe^{3+}发生充分反应，从而形成磷酸铁锂。最后，锂源被加入，同样需要经过一定时间的搅拌，以确保反应的进行。搅拌时长，即反应时长，对于反应结果具有重要的影响。

这个实验的研究目的在于深入了解搅拌时长对材料的微观和宏观结构所产生的影响。通过对这一关键参数的深入了解，我们能够更好地理解反应过程，为了解材料的性质和性能提供有价值的参考，从而为未来的研究和应用提供依据。

（4）烧制温度

我们研究了高温退火温度对磷酸铁锂的制备过程和最终材料外观特征所产生的影响。磷酸铁锂材料的最终烧制过程是一个至关重要的步骤，因为温度的选择直接决定了所制备材料的结构。

温度的选择至关重要，因为在过低的温度下，磷酸铁锂无法形成，而在过高的温度下，可能会损害材料的原有优越结构。因此，我们的研究旨在找到适宜的高温退火条件，以确保磷酸铁锂的结构得以保持，同时又能够满足所需的性能标准。

（5）生物基模板用量

我们还重点研究了不同用量的生物基模板（鸡蛋壳膜）对磷酸铁锂的制备过程所产生的影响。生物基模板在这个过程中扮演着重要的角色，它作为碳骨架结构，为磷酸铁锂提供附着的场所。

然而，不同用量的碳骨架可能会导致磷酸铁锂的形态和性质发生变化。因此，我们需要进行详尽测试和分析，以了解碳骨架用量的变化如何影响制备过程中磷酸铁锂的形成情况。

二、实验结果与分析

（一）材料 SEM 测试分析结果

测试采用设备型号为 SU-5000 的扫描电子显微镜。如图 2-1 所示，展示了制备出的样品的微观表面电镜图。通过这个图像，我们可以清晰地观察到，采用鸡蛋壳膜作为模板，采用液相沉淀法制备的磷酸铁锂呈现出极薄的片状结构。此外，经过处理的鸡蛋壳膜表面大部分呈现光滑状态，只有少数区域出现微小的沟壑。

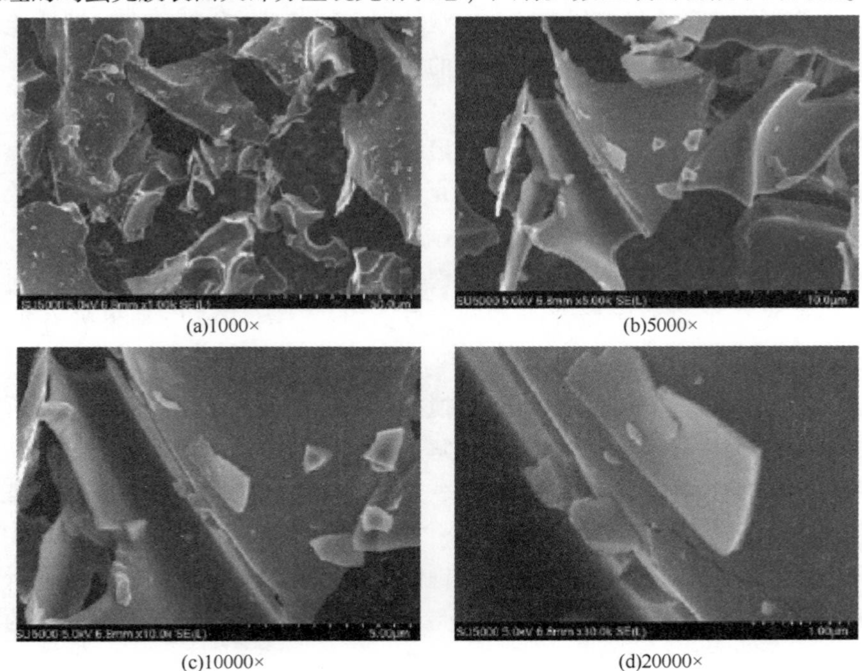

(a)1000×　(b)5000×　(c)10000×　(d)20000×

图 2-1　不含络合剂、表面活性剂时的磷酸铁锂在不同倍率下的电镜图

这一观察结果表明，制备的磷酸铁锂成功地在碳化的鸡蛋壳膜表面形成了良好的片状结构，但也存在一些局部的团聚现象。这个 SEM 图像为我们提供了关于材料外观特征的重要信息，有助于更深入地理解制备过程中的微观结构。

（二）材料的 X 射线衍射分析结果

进行了磷酸铁锂的 XRD 分析，使用的仪器型号为 X′Pert Pro。在此分析中，我们采用了连续扫描的方式，使用 Cu 的 Kα 线作为激发源，管电压设定为 40kV，管电流为 40mA。扫描角度范围为 $2\theta=10°\sim100°$，扫描速度为 5°/min，测试步长为 0.026°。此外，我们还采用了 1/2° 的发散狭缝和防寄生散射狭缝，以及 0.001mm 的接收狭缝。

图 2-2 为在这一系列测试条件测得的材料 XRD 衍射图谱。经过 XRD 图谱的分析，可以清晰地观察到衍射峰的特征。在 15°～40°范围内，我们观察到明显的高强度衍射峰，而在 40°～65°范围内，衍射峰则呈现较低的强度。

通过将实验结果与磷酸铁锂的标准 XRD 图谱进行对比，我们可以确认本实验方法成功制备出了磷酸铁锂。在制备过程中，未出现明显的杂质相，而且材料呈现良好的形貌特征。

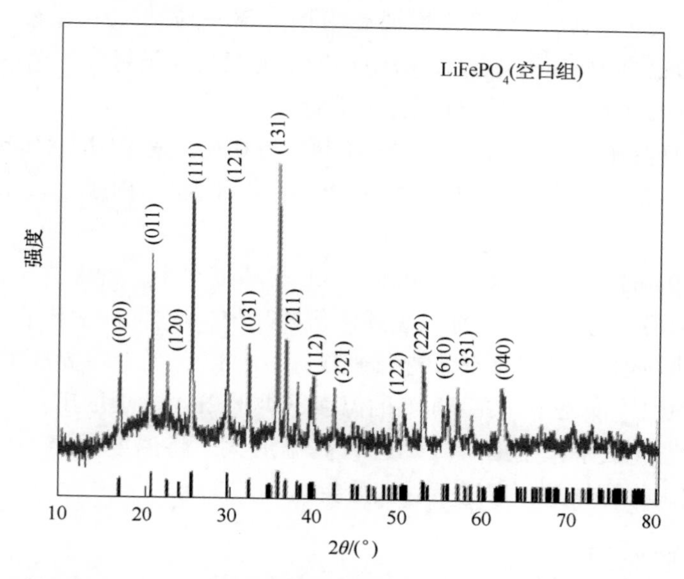

图 2-2　不含络合剂、表面活性剂时的磷酸铁锂的 XRD 图谱

第三节　络合剂 EDTA 对磷酸铁锂形貌的影响

一、实验目的

旨在通过制备两份样品(其中 A 样品中添加了络合剂 EDTA，而 B 样品中则不添加络合剂 EDTA)，将两份样品进行对比实验以探究络合剂 EDTA 对本实验的影响。经过对磷酸铁锂的表观形貌和结构进行详细分析后，我们将能够确定 EDTA 的具体影响，以便更深入地理解其在制备过程中的作用。

二、实验步骤

① 进行鸡蛋壳膜的前处理。使用 1mol/L 的 NaOH 溶液对鸡蛋壳膜进行清洗，然后反复使用蒸馏水清洗至中性。将清洗后的鸡蛋壳膜置于恒温干燥箱中，以 40℃的温度干燥 24h，然后取出，剪切成碎片状，并存放在干燥的玻璃容器中，确保不受污染。

② 制备磷酸铁。制备两份材料，A 样品由 2.0563g $FeCl_3 \cdot 6H_2O$ 和 0.1g 鸡蛋壳膜组成，将它们放入集热式恒温磁力搅拌器中搅拌 1h，以确保充分混合。同样，B 样品也由 2.0563g $FeCl_3 \cdot 6H_2O$ 和 0.1g 鸡蛋壳膜组成，然后放入集热式恒温磁力搅拌器中搅拌 1h，以确保充分混合。

③ 在 A 样品中缓慢加入 15mL 的 H_3PO_4 和 0.03g 的 EDTA 络合剂，并搅拌 1h。对于 B 样品，同样加入 15mL 的 H_3PO_4，但不加入 EDTA 络合剂，然后搅拌 1h。

④ 取 0.9g 的 LiOH 并将其溶解于 20mL 的蒸馏水中，确保完全溶解。然后，将溶液分为两份，每份都缓慢加入上述两份样品中，搅拌 5h 后停止搅拌。

⑤ 使用循环水式多用真空泵进行减压过滤，以获得鸡蛋壳膜的湿滤饼。将湿滤饼置于恒温干燥箱中，在 100℃的温度下烘干 2h，然后取出。

⑥ 在氩气气氛中，使用管式炉进行高温退火，将温度升至 700℃，并保持 12h。然后取出待测样品，以进行后续分析。

三、实验结果与分析

(一) 材料 SEM 测试分析结果

磷酸铁锂的形貌分析(SEM 测试)：我们使用了 SU-5000 型设备进行测试。如图 2-3 所示，这是样品 A 在加入 EDTA 的情况下的电子显微镜图像。可以清晰地观察到，在加入 EDTA 后，液相沉淀法制备的磷酸铁锂呈现出了优良的片状结构，而碳化后的鸡蛋壳膜表面出现了一些凹槽和孔洞，磷酸铁锂则形成在膜表面上。

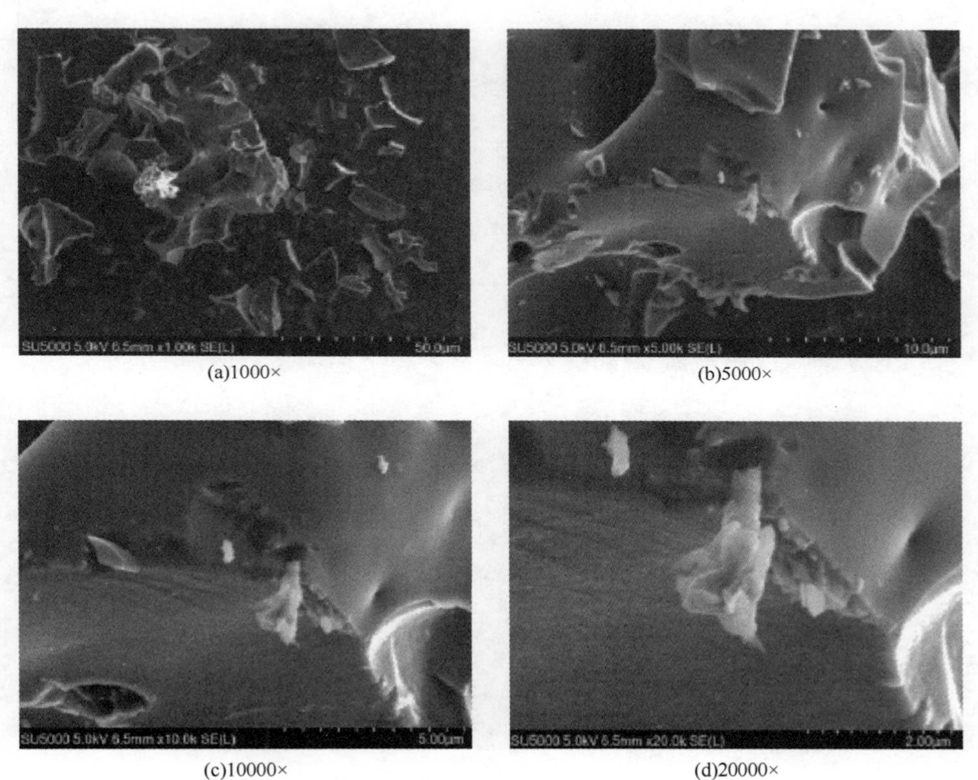

(a)1000×　(b)5000×

(c)10000×　(d)20000×

图 2-3　含络合剂的磷酸铁锂(样品 A)在不同倍率下的电镜图

如图 2-4 所示，这是样品 B，即在没有加入 EDTA 的情况下制备的磷酸铁锂的样品电子显微镜图像。可以清晰地观察到，制备出的磷酸铁锂同样呈现出片状结构，然而，与样品 A 相比，鸡蛋壳膜的表面较为光滑，厚度也较大，这可能导致磷酸铁锂不能有效地吸附在鸡蛋壳膜表面上。

（二）材料的 X 射线衍射分析结果

进行 XRD 衍射分析的仪器型号为 X′Pert Pro。测试采用 Cu 的 Kα 级射线进行连续扫描，管电压为 40kV，管电流为 40mA，扫描角度范围 $2\theta=10°\sim100°$，扫描速度 5°/min，测试步长 0.026°，发散狭缝 1/2°，防寄生散射狭缝 1/2°，接收狭缝 0.001mm。得到的材料的 XRD 衍射图谱如图 2-5 所示。

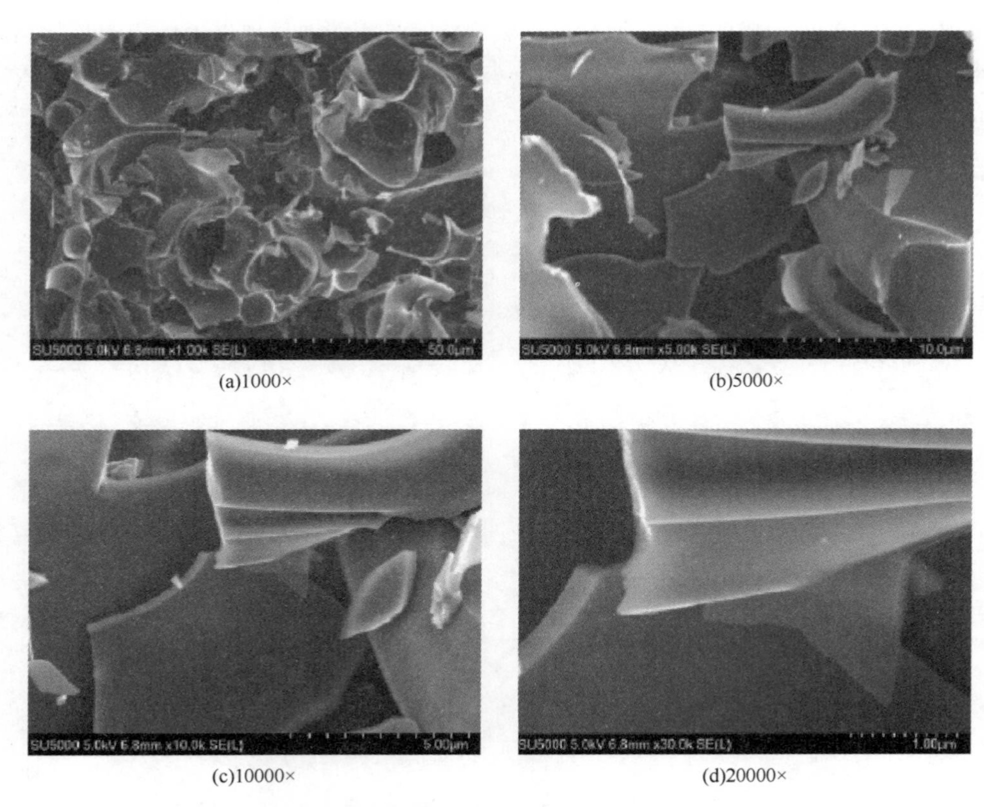

(a)1000×　　(b)5000×

(c)10000×　　(d)20000×

图 2-4　不含络合剂的磷酸铁锂(样品 B)在不同倍率下的电镜图

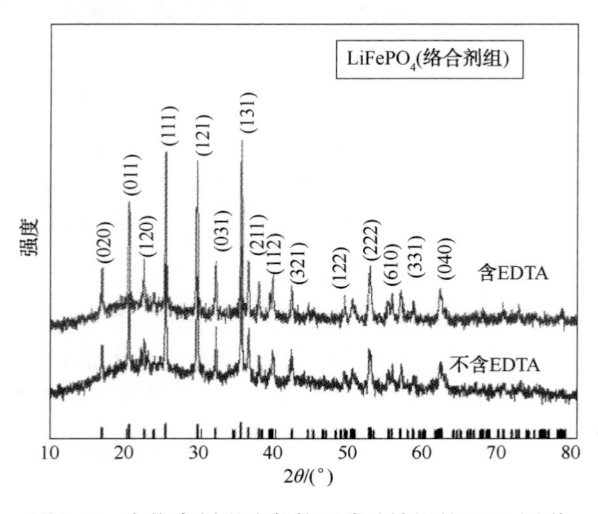

图 2-5　在络合剂影响条件下磷酸铁锂的 XRD 图谱

通过使用 Jade 软件进行分析，我们发现磷酸铁锂材料在 2θ 角度为 18°、21°、24°、26°、30°、33°和 38°左右存在着几个非常明显的特征峰，这些峰代表了磷酸铁锂材料的典型衍射峰。在含 EDTA 的谱图中，这些衍射峰显得清晰，而且谱图的整体趋势相对较平稳，这表明了结晶程度较高。然而，在不含 EDTA 的谱图中，(111)和(131)的衍射峰的宽度较大，而(120)的衍射峰上有明显的杂峰，这表明在不使用 EDTA 时，制备的磷酸铁锂含有杂质(未完全反应的磷酸铁)。因此，络合剂 EDTA 的存在有助于提高磷酸铁锂的制备性能和结晶度。

第四节　不同表面活性剂对磷酸铁锂形貌的影响

一、实验目的

制备两份样品，其中一份样品加入表面活性剂 PVP，另一份样品加入表面活性剂 CTAB。通过对比实验，我们旨在探究不同表面活性剂的加入是否对实验产生影响。对制备出的磷酸铁锂进行表观形貌和结构的测试后，将分析并确定两种表面活性剂的具体影响。

二、实验步骤

① 进行鸡蛋壳膜的前处理。使用 1mol/L 的 NaOH 溶液清洗鸡蛋壳膜，然后用蒸馏水冲洗至中性。将其置于 40℃的恒温环境中干燥 24h 后取出，剪切成碎片状，并储存在玻璃容器中，确保干燥并远离污染源。

② 进行磷酸铁的制备。制备两份材料，其中 A 样品包括 2.0563g 的 $FeCl_3 \cdot 6H_2O$、0.03g 的 PVP 表面活性剂和 0.1g 的鸡蛋壳膜。将这些成分放入集热式恒温磁力搅拌器中搅拌 1h，确保它们充分混合。同样地，B 样品包括 2.0563g 的 $FeCl_3 \cdot 6H_2O$、0.03g 的 CTAB 表面活性剂和 0.1g 的鸡蛋壳膜，将它们置于集热式恒温磁力搅拌器中搅拌 1h，确保它们充分混合。

③ 在 A 样品中缓慢加入 15mL 的 H_3PO_4 和 0.03g 的 EDTA 络合剂，继续搅拌 1h。在 B 样品中加入 15mL 的 H_3PO_4 和 0.03g 的 EDTA 络合剂，同样搅拌 1h。之后，称取 0.9g 的 LiOH，溶解于 20mL 的蒸馏水中，确保充分溶解，随后将其分为两份，缓慢加入 A、B 两份样品中并搅拌 5h 后停止。

④ 使用循环水式多用真空泵进行减压过滤，以获得鸡蛋壳膜的湿滤饼。将湿滤饼置于恒温干燥箱中，在 100℃下烘干 2h 后取出。

⑤ 在氩气气氛中，使用管式炉进行高温退火，以 700℃的温度烧制 12h，然后取出待测。

三、实验结果与分析

（一）材料 SEM 测试分析结果

如图 2-6 所示，当制备过程中添加 PVP 时，清晰可见磷酸铁锂呈现出片状结构，并紧密附着在蛋膜表面。此外，鸡蛋壳膜上存在较大的孔洞，分散得更加细碎。

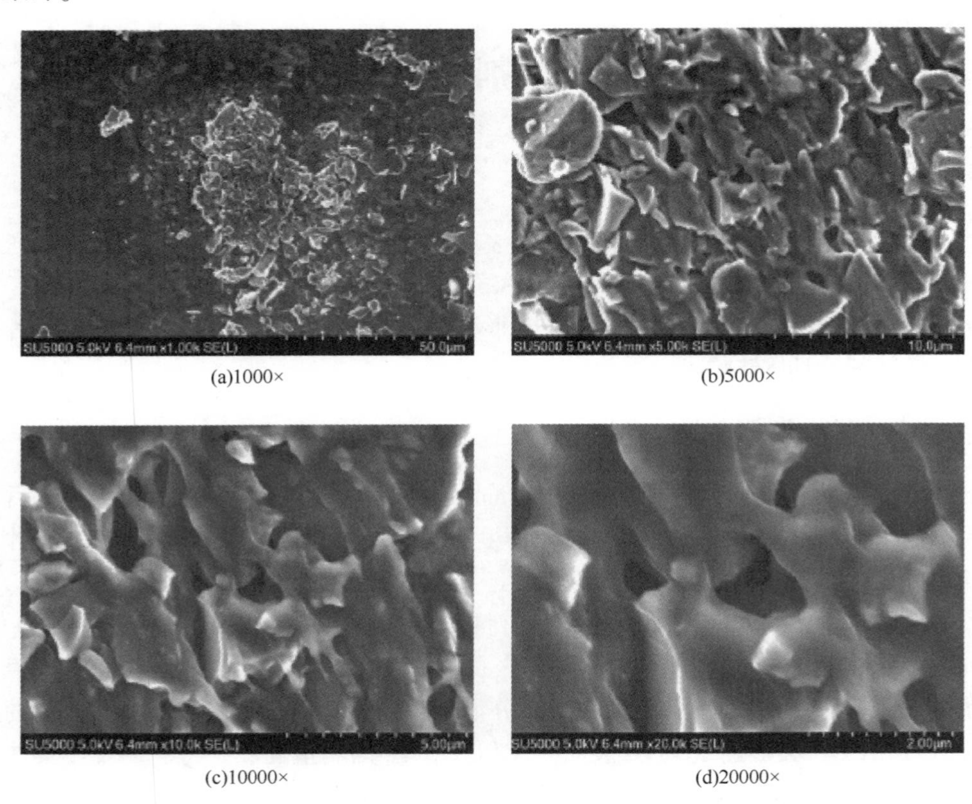

(a)1000×　(b)5000×

(c)10000×　(d)20000×

图 2-6　含 PVP 的磷酸铁锂(样品 A)在不同倍率下的电镜图

而在图 2-7 中，当在制备过程中添加 CTAB 时，我们可以明显看到磷酸铁锂的片状结构堆积成块，产品块表面有大量坑槽，出现了明显的团聚现象。鸡蛋壳膜的厚度也相对较大。这些结果揭示了添加不同表面活性剂对产物的形态和结构产生的显著影响。

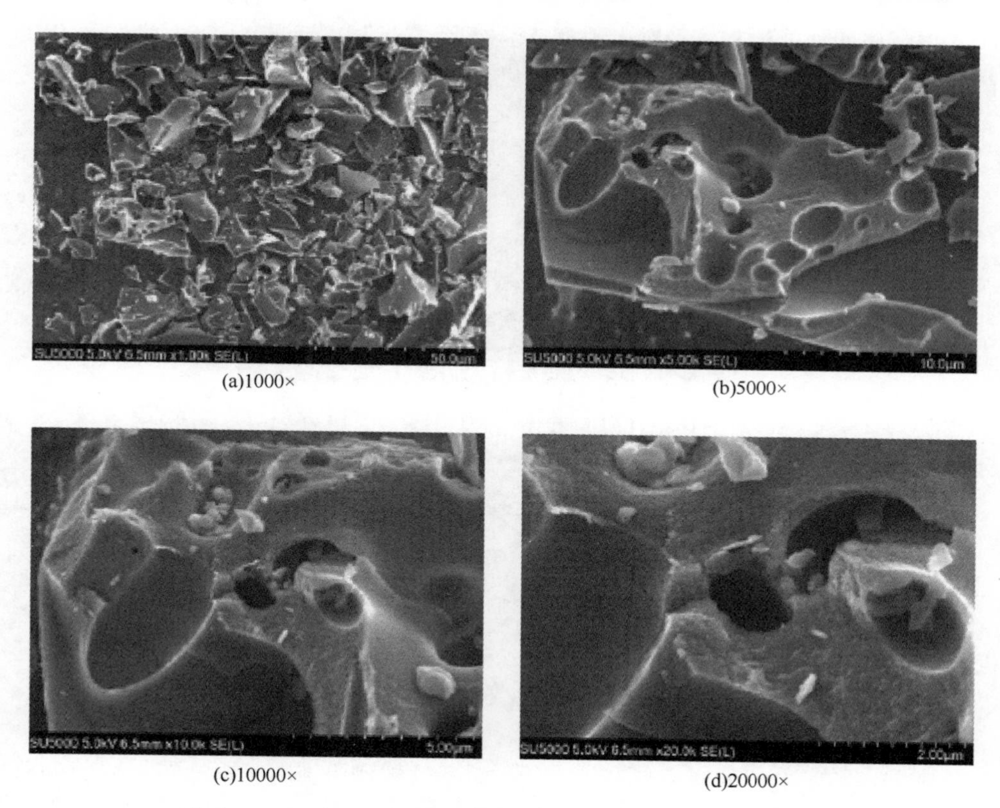

(a)1000×　(b)5000×

(c)10000×　(d)20000×

图 2-7　含 CTAB 的磷酸铁锂（样品 B）在不同倍率下的电镜图

（二）材料的 X 射线衍射分析结果

我们使用 X′Pert Pro 型设备进行了 XRD 衍射分析。在测试过程中，我们采用 Cu 的 Kα 级射线进行了连续扫描，设置管电压为 40kV，管电流为 40mA，扫描角度范围为 $2\theta=10°\sim100°$，扫描速度为 5°/min，测试步长为 0.026°，发散狭缝设置为 1/2°，防寄生散射狭缝为 1/2°，接收狭缝为 0.001mm。这些设置使我们得到了磷酸铁锂样品的 XRD 衍射图谱，如图 2-8 所示。

利用 Jade 软件进行分析后，我们可以看到磷酸铁锂材料在 2θ 为 17°、21°、23°、26°、30°、32°、36°左右具有几个明显的特征峰，这些峰是磷酸铁锂材料的典型衍射峰。特别值得注意的是，在 21°、23°、26°的位置，我们观察到三个强烈的衍射峰，它们代表着磷酸铁锂晶体结构的重要方位。

然而，当 CTAB 表面活性剂被加入时，我们注意到 24°的衍射峰呈现出较大的峰宽，两侧还伴随着一些杂质峰，峰形较为复杂。这表明加入 CTAB 的磷酸铁锂样品可能掺杂有其他杂质，纯度有所下降。相反，当 PVP 表面活性剂被加入时，衍射峰的纯度较高，没有出现复杂的峰形。这进一步证实了表面活性剂 PVP 的加入对于提高磷酸铁锂样品的纯度和质量是有益的。

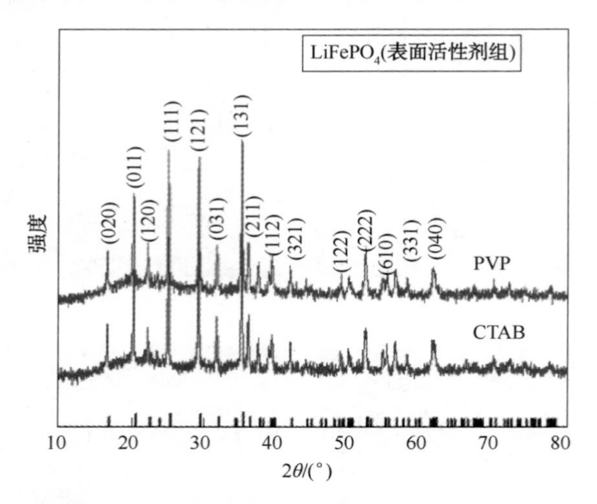

图 2-8　在不同表面活性剂影响条件下磷酸铁锂的 XRD 图谱

第五节　结　　论

随着锂离子电池的应用越来越广泛，磷酸铁锂作为锂离子电池正极材料的研究越来越受到关注。磷酸铁锂的多孔结构为电池反应提供了更多的反应场所，有助于提高其电化学性能。在本研究中，我们采用了液相沉淀法和生物模板法，成功制备了多孔片状的磷酸铁锂材料，为电池性能的提升提供了新的可能性。

制备过程包括鸡蛋壳膜的前处理、生物模板的制备、络合剂和表面活性剂的加入、高温退火等多个步骤。通过 XRD 射线检测和 SEM 扫描电镜分析，我们详细研究了磷酸铁锂的微观结构和形貌，同时进行了对比实验来探究不同因素对制备结果的影响。

研究结果表明，络合剂 EDTA 的加入能够改善磷酸铁锂的晶体形貌，使其更完美。而不同表面活性剂的使用也对晶体结构和性能产生显著影响，PVP 的加入有助于提高其品质。此外，适宜的烧制温度、搅拌时间以及生物模板的用量都对制备结果具有一定的影响，这些参数的选择需要谨慎考虑。

总的来说，本研究为制备多孔片状的磷酸铁锂材料提供了一种有效的方法，制备出的材料具有良好的微观形貌。这一方法在锂离子电池领域有着广泛的应用前景，同时也符合环保原则。磷酸铁锂电池将在未来迎来更多的挑战，我们需要不断寻求新的方法来提升其性能，以满足不断增长的电池需求。

本章后记：

本章的研究内容是笔者设计、规划并同所指导的学生一起进行科研实验完成的。实验由学生黄银桂、邢旭等完成。在此，笔者向参与本研究工作并作出贡献的所有学生表示感谢。

参 考 文 献

[1] Cao F, Pan G X, Zhang Y J. Construction of ultrathin N-doped carbon shell on $LiFePO_4$ spheres as enhanced cathode for lithium ion batteries [J]. Materials Research Bulletin, 2017, 96: 325-329.

[2] Xie X, Yang Y, Zhou H, et al. Quality monitoring methods of initial and terminal manufacture of $LiFePO_4$ based lithium ion batteries by capillary electrophoresis [J]. Talanta, 2018, 179: 822-827.

[3] Gong C, Xue Z, Wen S, et al. Advanced carbon materials/olivine $LiFePO_4$ composites cathode for lithium ion batteries[J]. Journal of Power Sources, 2016, 318(Jun. 30): 93-112.

[4] 宝冬梅，曹可名，肖寒，等．环境友好型锂离子电池正极材料 $LiFePO_4$的制备方法[J]．材料导报，2012，26(15)：67-70，83.

[5] 李加勇，白志鹏，郑清清．一种制备锂电池用 $LiFePO_4$的方法 [J]．电源技术，2023，47(8)：1002-1005.

[6] 何姣．锂离子电池正极材料 $LiNi_{0.5}Mn_{1.5}O_4$制备方法的研究进展[J]．广东化工，2016，43(6)：100，97.

[7] 韩彬．锂离子电池新型正极材料 $LiFePO_4$ 的研究与进展[D]．天津：天津大学，2006.

[8] 张勇，杜培培，王力臻，等．锂离子电池正极材料 $LiFePO_4$/C 的合成及性能[J]．化工新型材料，2011，39(2)：66-68.

[9] 王宇光，刘国栋，戴晓青．$LiFePO_4$ 制备方法及性能的研究进展[C]//中国仪表功能材料学会．2014 中国功能材料科技与产业高层论坛摘要集．西安，2014：1.

[10] 王博．磷酸铁锂/石墨烯三维结构复合材料制备及电化学性能研究[D]．哈尔滨：哈尔滨工业大学，2016.

第三章　以桂花为生物模板制备磷酸铁锂及电化学性能研究

第一节　引　　言

近年来，生物模板法作为一种绿色、环保的制备方法，被广泛应用于制备具有特定形貌和结构的材料。这种方法利用生物模板的特殊结构，通过模板导向合成的方法，将材料生长在生物模板的表面，从而得到具有特定形貌和结构的材料。在众多生物模板中，桂花作为一种常见的植物模板，具有独特的微孔结构和良好的物理化学稳定性，因此被广泛应用于材料制备领域。

在本研究中，我们采用生物模板法制备具有微孔形态的磷酸铁锂材料。通过选择合适的生物模板（桂花），我们可以控制磷酸铁锂的形貌和微观结构，并提高其电化学性能。具体研究内容如下：

① 通过生物模板法制备具有微孔形貌的磷酸铁锂材料，并进行测试和分析。通过实验研究不同制备条件下，磷酸铁锂的形貌、结构和性能的变化规律。

② 对制备的磷酸铁锂进行 XRD 物相分析。通过 XRD 测试，确定磷酸铁锂的晶体结构和相纯度，分析其晶体生长动力学过程。

③ 对制备的磷酸铁锂进行 SEM 形貌及微观结构分析。通过 SEM 测试，观察磷酸铁锂的形貌和微观结构，分析其形成机制和影响因素。

④ 优化生物模板法的工艺条件，确定最佳的生物模板（桂花），制备出形貌尺寸可控、分散性好、同时具有微孔结构的磷酸铁锂材料。通过对不同制备条件下的样品进行性能测试和比较，找出最佳的制备工艺参数。

⑤ 对优化条件下制备出的磷酸铁锂进行电化学性能测试。通过循环伏安法、恒流充放电测试等电化学测试方法，评价所制备磷酸铁锂的电化学性能。

第二节　磷酸铁锂的制备

一、实验部分

（一）实验仪器及材料

（1）实验设备

实验用到的实验仪器与设备见表 3-1。

表 3-1　实验的仪器与设备

仪器与设备	型号	生产厂家
电子天平	BSA124S	赛多利斯科学仪器有限公司
数显恒温磁力加热搅拌器	HJ-4A	金坛市城东新瑞仪器厂
箱式马弗炉	KSL-1100X	合肥科晶材料技术有限公司
精密恒温鼓风干燥箱	JDG-9023A	上海市精宏实验设备有限公司
集热式恒温磁力搅拌器	DF-101S	江苏金怡仪器科技有限公司
场发射扫描电子显微镜	SU-5000	日立高新技术公司
X 射线衍射仪	X′Pert Pro	荷兰帕纳科公司
循环水式多用真空泵	SHB-3	长沙明杰仪器有限公司
电动离心机	80-2B	江苏金怡仪器科技有限公司
电热恒温鼓风干燥箱	DHG-9023A	上海市精宏实验设备有限公司

（2）实验材料

实验用到的试剂及材料见表 3-2。

表 3-2　实验所需的试剂及材料

试剂及材料	化学式	规格	厂家
六水合氯化铁	$FeCl_3 \cdot 6H_2O$	AR	西陇科学股份有限公司
三水合乙酸钠	$CH_3OONa \cdot 3H_2O$	AR	西陇科学股份有限公司
十二水合磷酸氢二钠	$Na_2HPO_4 \cdot 12H_2O$	AR	西陇科学股份有限公司
络合剂(EDTA)	$C_{10}H_{16}N_2O_8$	AR	西陇科学股份有限公司

续表

试剂及材料	化学式	规格	厂家
表面活性剂(SDBS)	$C_{18}H_{29}NaO_3S$	AR	天津市光复精细化工研究所
表面活性剂(PVP)	$(C_6H_9NO)_n$	AR	源叶生物
表面活性剂(CTAB)	CTAB	AR	西陇科学股份有限公司
无水乙醇	CH_3CH_2OH	AR	广东光华科技有限公司
蒸馏水	H_2O		
桂花			
锂离子电池组件(型号 LIR2016)			

(二)磷酸铁锂材料的制备

① 取出 5g 左右的桂花，先进行碱洗处理或水洗处理，而后放入电热恒温鼓风干燥箱中，将温度设定为 80℃，进行 2h 的干燥。

② 在一个 100mL 的烧杯中，加入 2.702g 的六水合氯化铁固体，然后加入 100mL 的蒸馏水。使用玻璃棒搅拌均匀，直至完全溶解。

③ 另一个 100mL 的烧杯中，将 3.5795g 的十二水合磷酸氢二钠固体和 1.3599g 的三水合乙酸钠固体加入，然后加入 100mL 的蒸馏水。同样，使用玻璃棒搅拌均匀，直至完全溶解。

④ 将配制好的六水合氯化铁溶液倒入一个 200mL 的烧杯中，并加入 1g 经干燥的桂花。将烧杯放到恒温磁力搅拌器上，在搅拌 10min 后，加入约 0.2g 表面活性剂 PVP(对于实验 1)和 0.2g 表面活性剂 CTAB(对于实验 2)。继续搅拌 2~4.5h 后，再加入约 0.2g 络合剂 EDTA。接下来，使用胶头滴管逐滴加入已经混合的 100mL 十二水合磷酸氢二钠和三水合乙酸钠的溶液，继续搅拌 12h。

⑤ 等待反应结束后，使用电动离心机离心半小时以收集溶液中的桂花。随后，反复使用水和乙醇进行 2~3 次清洗，最后将清洗后的桂花放入电热恒温鼓风干燥箱中，在 80℃下干燥 2.5h。

⑥ 将干燥后的磷酸铁/桂花样品放入箱式马弗炉中，在空气气氛下进行热处理。升温速率约为 8℃/min，在 600℃温度下保持 10h。

⑦ 用制备出的磷酸铁制备磷酸铁锂。

(三)材料的表征

(1)扫描电子显微镜

对磷酸铁材料进行扫描电子显微镜分析，可以获取关于磷酸铁材料微观特性的 SEM 图像。通过对 SEM 图像的分析，我们能够观察磷酸铁材料的微观形貌、晶胞结构、颗粒的均匀性以及颗粒的分散度。在这项测试中，我们使用了由日立高新技术公司生产的扫描电子显微镜，测试电压设定为 5kV，并采用了多个倍率，包括 1.00k、2.00k、5.00k、10.0k、20.0k 和 30.0k。

（2）X 射线衍射

进行磷酸铁材料的 X 射线衍射分析，可以获得有关磷酸铁材料晶体结构的衍射图谱。通过对衍射图谱的分析，我们能够评估磷酸铁材料的晶体结晶度。在这项测试中，我们采用的扫描速度为 5°/min，使用荷兰帕纳科公司生产的 X 射线衍射仪，型号为 X′Pert Pro。

二、实验结果与分析

（一）磷酸铁实验现象

（1）加表面活性剂 CTAB 后的溶液颜色

在氯化铁溶液中加入桂花和表面活性剂 CTAB 后，经过水洗干燥的桂花会从亮黄色逐渐变为黑色，同时溶液也会从橙黄色慢慢变成黑色；而经过碱洗干燥的桂花则会从亮黄色逐渐变为黑色，但溶液仍然保持橙黄色。

这个现象可能归因于表面活性剂 CTAB 与氯化铁之间的相互作用。当加入 CTAB 后，它可能会改变溶液的酸碱度，从而影响桂花的颜色和溶液的颜色。此外，CTAB 还可能改变氯化铁的溶解度和分布状态，进一步影响实验结果。

总的来说，这个实验结果表明了表面活性剂 CTAB 对氯化铁溶液和桂花颜色的影响，以及碱洗对桂花颜色观察的重要性。这些发现将有助于我们更深入地理解表面活性剂和氯化铁之间的相互作用，以及它们对桂花颜色的影响。

（2）加络合剂和混合溶液后的溶液颜色

加入配制好的十二水合磷酸氢二钠和三水合乙酸钠的混合溶液后，含有水洗干燥后桂花的溶液表面有少量的桂花漂浮，溶液颜色从黑色逐渐变为灰色；而含有碱洗干燥后桂花的溶液表面几乎没有桂花漂浮，溶液颜色从橙黄色逐渐变为奶白色。

这个现象的原因可能在于，碱洗后的桂花表面可能残留有少量酸性物质，这些酸性物质可能影响了混合溶液的化学反应，进而影响了溶液的颜色变化。而水洗干燥后的桂花表面可能较为干净，因此其与混合溶液的反应更加明显，溶液的颜色变化也更为显著。

总的来说，这个实验结果表明了混合溶液对不同处理方式下的桂花颜色具有明显影响，同时说明了酸碱度对溶液颜色变化的重要性。这些发现将有助于我们更深入地理解混合溶液与不同状态下的桂花之间的相互作用，以及它们对溶液颜色的影响。

(3) 干燥后的桂花的颜色

将反应后清洗干净的桂花放入电热恒温鼓风干燥箱中，在80℃下干燥2.5h后，我们发现经过水洗处理的桂花经过反应和干燥后呈现深棕色；而经过碱洗处理的桂花经过反应和干燥后则呈现黑色。

这个现象的原因可能在于，碱洗处理可能改变了桂花的表面性质，使得其更容易与反应介质发生反应，从而产生了不同的颜色变化。而水洗处理则可能没有显著影响桂花的表面性质，因此其颜色变化相对较小。

此外，我们还发现，干燥后的桂花在碱洗后更容易观察到其颜色变化。这可能是因为碱洗去除了桂花表面的酸性物质，使得其颜色更容易被观察到。而水洗后，桂花的颜色变化可能被掩盖了。

总的来说，这个实验结果表明了不同处理方式对干燥后桂花颜色的影响，以及碱洗处理对桂花表面性质和颜色变化的重要性。这些发现将有助于我们更深入地理解反应介质与不同处理方式下的桂花之间的相互作用，以及它们对桂花颜色的影响。

(4) 烧结后的桂花的颜色

在空气气氛的箱式马弗炉中对干燥后的样品进行热处理，升温速率约为8℃/min，在600℃保温10h。水洗干燥后的桂花经过热处理后变成浅粉色，而碱洗干燥后的桂花经过热处理后变成酒红色。

(二) 材料SEM测试分析结果

桂花具有出色的亲水特性。经过NaOH浸泡烘干处理后，它的结构变得更为疏松和多孔。当Fe^{3+}进入这多孔结构后，它会吸附在桂花的结构壁上，并与PO_4^{3-}结合在桂花的孔道和花壁上。经过水热和煅烧过程，这一过程促使形成了高度结晶的磷酸铁材料。

磷酸铁颗粒在受热结核的形成过程中，受到了桂花孔道结构的空间限制，从而抑制了颗粒的生长。桂花在磷酸铁的形态和结构方面发挥了关键的结构导向作用。这最终导致了多孔的表面形貌的形成。

从图3-1(a)、(b)可以看出，普通水热法在使用桂花作为生物模板时可以制备多孔磷酸铁。然而，传统水热法存在一个问题，即保温时间过长，这在加热过程中会导致部分桂花模板的损坏。同时，在热传递过程中，热量扩散不均匀，从而导致部分磷酸铁未能在模板中生成，合成的磷酸铁颗粒也较大且分散性较差。

从图 3-1(c)、(d)可以看出，通过微波水热法合成的磷酸铁颗粒在短时间内具有 300~500nm 的孔隙，但其分散性较差，并且形貌和大小各异。这可能是因为在数十小时的 Fe^{3+}浸泡过程中，Fe^{3+}可以进入细胞壁等更微观的结构中，但加入的 PO_4^{3-} 只是进入桂花原细胞结构的内部，Fe^{3+}并未能全部与 $PO_4{}^{3-}$发生反应，生成磷酸铁。

从图 3-1(e)、(f)、(g)可以看出，通过加入山梨酸和苯甲酸络合剂生成的磷酸铁晶型更均匀，分散性更好，并具有 100~200nm 的孔隙。因此，生物模板法能够充分利用微波水热法的优势。在微波水热过程中，Fe^{3+}和 $PO_4{}^{3-}$在桂花内壁上结合，迅速达到饱和状态。沉淀相在桂花植物结构独特的壁和孔洞内瞬间萌发成核，晶核再次聚合，部分颗粒自组装成球形和片状较大的颗粒。在空气气氛下高温煅烧后，大部分桂花植物结构在空气中转化为 CO_2，留下 200~300nm 的孔隙，少部分转化为无定形碳包覆在磷酸铁上。这一过程为磷酸铁材料的制备提供了重要的参考和方法。

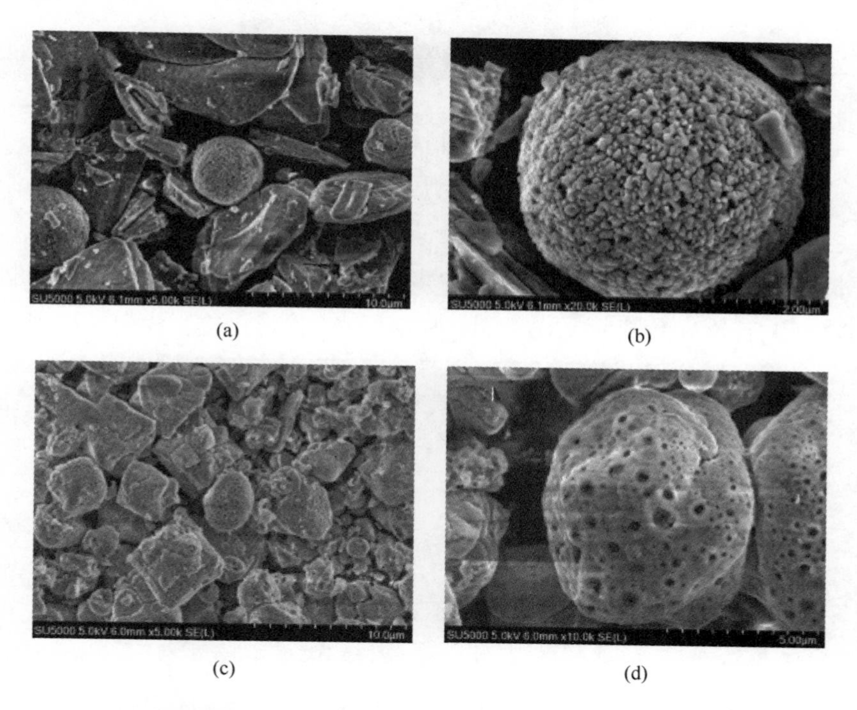

图 3-1　不同条件下以桂花为模板制得的 $FePO_4$：[(a)、(b)]：普通水热法；[(c)、(d)]：微波水热法；[(e)、(f)、(g)]：微波水热加入络合剂

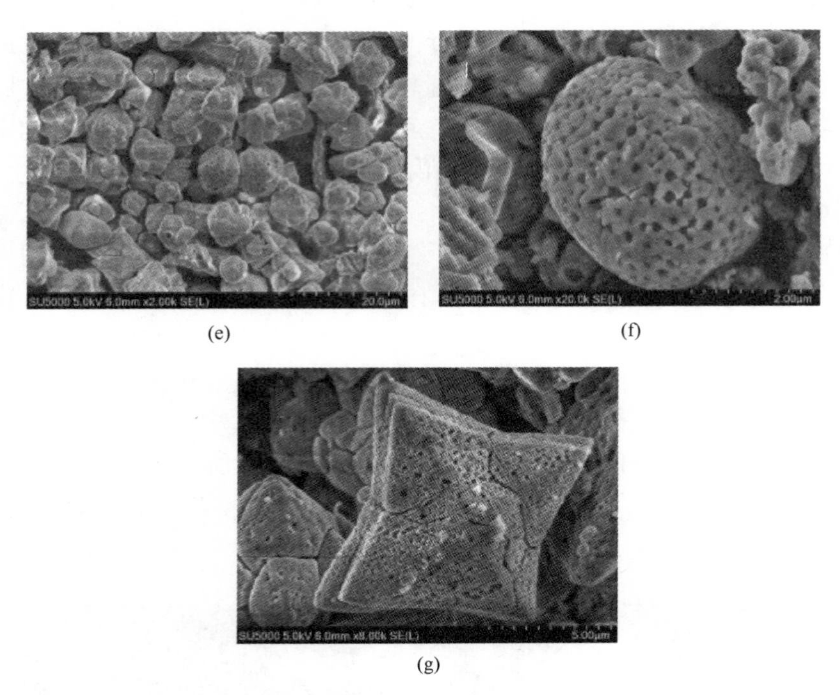

图 3-1　不同条件下以桂花为模板制得的 $FePO_4$：[(a)、(b)]：普通水热法；[(c)、(d)]：微波水热法；[(e)、(f)、(g)]：微波水热加入络合剂(续)

(三) 材料 X 射线衍射分析结果

图 3-2 展示了在不同条件下合成的多孔 $FePO_4$的 XRD 图谱。通过将制备的多孔 $FePO_4$与标准磷酸铁的 XRD 卡片(#27-0715)进行比较，我们可以观察到不

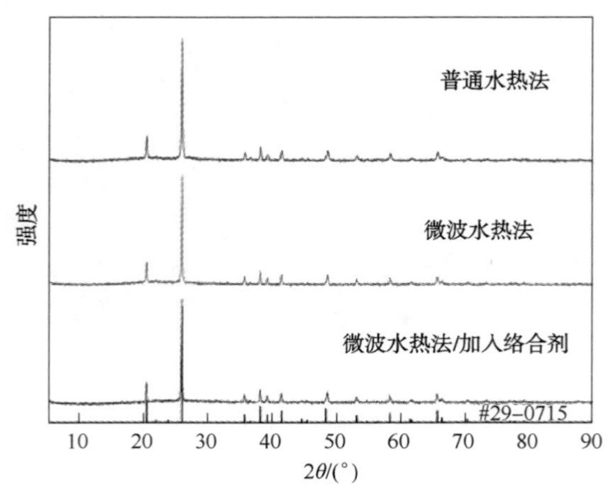

图 3-2　不同条件下制备的磷酸铁的 XRD 图谱

同合成条件下所制备的多孔 $FePO_4$样品的衍射峰与标准卡上的特征峰之间的对应关系。值得注意的是，在这些对照中，我们未观察到明显的杂峰，这表明尽管利用微波水热法合成多孔 $FePO_4$的条件存在差异，但所制备的多孔 $FePO_4$都表现出良好的晶体结构，并且没有生成其他磷铁杂质。

因此，我们可以得出结论，作为生物模板的桂花在空气中经过高温煅烧后已经大部分转化为无定形碳。多孔磷酸铁材料中的孔隙实际上是由桂花的植物结构在高温煅烧后所留下的。这一发现为多孔 $FePO_4$的制备提供了重要参考，同时也突显了生物模板法的潜在优势。

第三节　磷酸铁锂材料的电化学性能

一、锂离子电池的组装与测试

（一）电池组装过程

（1）正极活性极片的制备

为制备正极活性极片，首先需要按照 8：1：1 的质量比称取 0.2g 的磷酸铁锂，0.0125g 的乙炔黑(C)和 0.0125g 的聚偏二氟乙烯(PVDF)。将这些材料加入玛瑙研钵中，并进行 20min 的研磨，以确保它们均匀混合。

随后，将混合好的材料加入搅拌瓶中，并逐渐滴入 NMP(*N*-甲基-2-吡咯烷酮)，直到浆料变得足以流动，可以滴下为止。继续搅拌浆料，持续搅拌 12h 以确保彻底混合。

搅拌完成后，使用滴管均匀地将浆料滴在铝箔上，然后使用 75μm 的铁块涂布器将浆料均匀涂布在铝箔上，形成均匀的涂层。

将涂层置于烘箱中，在 100℃ 下烘干 24h。烘干完成后，将涂层取出，然后使用冲片机裁切出直径为 12mm 的圆形材料极片。同时，对每个极片上的活性物质进行称重，每个极片的活性物质质量为 8～16mg。

（2）电池的组装流程

首先，对正极壳进行编号，随后将经冲片机切割好的正极极片小心地放入正极壳内。随后，使用冲片机再次裁出直径为 19mm 的隔膜，并将隔膜放置在正极壳内，覆盖在正极极片的上方，准备好待用于后续电池盒的组装工作。

在电池组装之前，将锂离子电池组件(型号 LIR2016)的正极外壳、负极外壳、垫片、塑料滴管、塑料镊子以及经过 100℃ 下烘干 48h 的滤纸一并放入手套箱。在整个电池组装过程中，确保相对湿度小于 1%、氧气浓度小于 0.05μL/L，同时手套箱内部要充满高纯度氩气。

电池的负极选用锂片，电解液采用浓度为 1mol/L 的 $LiPF_6$[体积比为乙烯碳酸酯(EC)∶二甲基碳酸酯(DMC)∶乙基甲基碳酸酯(EMC)= 1∶1∶1]。在电池组装时，首先进行锂片与垫片的组装，将锂片与垫片精确地对齐，然后使用镊子进行冲压，确保它们紧密结合。通过锂片的延展性，将它们牢固地固定在一起。

确保正极极片位于正极壳的中央位置，随后使用塑料滴管将 $LiPF_6$电解液滴入隔膜的边缘，使其自然地浸润整个正极极片，以确保正极极片与隔膜之间没有气泡。

将已经组装好的垫片与锂片组合，锂片位于下方，然后放入正极壳中，确保锂片能够充分覆盖正极极片，最后封闭负极外壳。

使用塑料镊子将组装好的电池放入小型液压封口机中，进行封口后取出，将其放入电池盒中。

电池取出后，在常温通风的环境中静置 36h，即可进行充电、放电以及循环伏安法(CV)阻抗测试。

(二) 电化学性能测试

(1) 倍率性能测试

在本研究中，我们采用了新威 CT-4008T 型电池测试仪进行倍率测试，这是一项旨在评估电池在不同电流密度下的性能的测试。我们分别选取了 0.2C、0.5C、1C、2C、5C 以及 10C 的电流密度进行测试，并特别在进行了 10C 电流密度下的充放电循环测试后，再进行了 0.2C 测试，以观察电池正极材料的稳定性。

(2) 循环性能测试

我们采用新威 CT-4008T 型电池测试仪进行电池循环测试，这一测试旨在评估电池在相同倍率下的多次充放电循环表现。我们选择了 0.2C 的电流密度，进行了 100 次的充放电循环测试。

(3) CV 和交流阻抗测试

在 CV 和交流阻抗测试方面，我们采用了辰华 CHI660E 型仪器进行测试。CV 测试中，设置了上限电位为 4.2V，下限电位为 2.5V，扫描速率分别为 0.1mV/s、0.2mV/s、0.3mV/s 和 0.4mV/s。而在交流阻抗测试中，上限频率设定为 100000Hz，下限频率设定为 0.01Hz。

(4) 电导率测试

为了评估电池材料的电导率，我们使用了四探针仪进行测试：首先，将固体粉末与黏结剂 PVDF 混合，并逐渐滴入 NMP，直至混合物能够以流体的形式滴下。接下来，在红外灯下进行 10min 的研磨处理，随后将混合物涂布在玻璃板上，在烘干 12h 后进行测试。

二、实验结果与分析

（一）电池的倍率性能测试分析

图 3-3 展示了在不同电流密度(0. 2C、0. 5C、1C、2C、5C 和 10C)下，使用不同质量比的桂花作为生物模板制备的 $FePO_4$ 合成的多孔 $LiFePO_4/C$ 的倍率性能图。

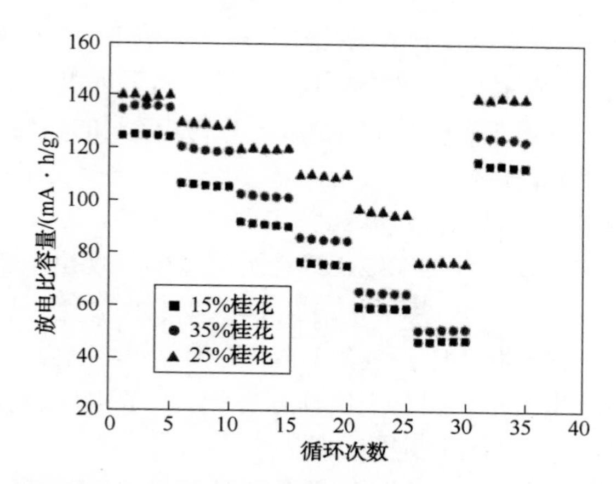

图 3-3　由不同质量比桂花制备的 $FePO_4$ 合成的 $LiFePO_4/C$ 的倍率性能曲线图

我们可以观察到，三种不同质量比(15%、25%和 35%)的桂花生物模板对最终制备的多孔 $LiFePO_4/C$ 的倍率性能产生了显著影响。

在 0. 2~10C 的电流密度范围内，相比于 15%和 35%的情况，添加 25%(质)的桂花作为生物模板制备的 $LiFePO_4/C$ 表现出更高的放电容量和可逆性。

以 25% 桂花为生物模板制备的 $LiFePO_4/C$，在 0. 2C 条件下，具有 140. 4mA · h/g 的放电比容量，而在 0. 5C、1C、2C 和 5C 条件下的放电比容量分别为 139. 0mA · h/g、119. 8mA · h/g、110. 0mA · h/g 和 97. 0mA · h/g。即使在 10C 的高速率下，$LiFePO_4/C$ 仍然保持着 76. 2mA · h/g 的放电比容量，相较于使用微波水热法制备的纯相 $LiFePO_4/C$ 的 51. 4mA · h/g 放电比容量，有了显著的提高。

当倍率恢复到 0. 2C 时，$LiFePO_4/C$ 的放电比容量也恢复到了首次进行 0. 2C 充放电循环时的容量。

然而，当使用 15%(质)和 35%(质)的桂花模板时，在 0. 2C、0. 5C、1C、2C、5C 和 10C 不同电流密度下的倍率性能分别为 125. 1mA · h/g、106. 8mA · h/g、92. 3mA · h/g、76. 1mA · h/g、59. 5mA · h/g 和 46. 2mA · h/g，以及 135. 0mA · h/g、

121.1mA·h/g、102.5mA·h/g、85.8mA·h/g、65.9mA·h/g 和 50.6mA·h/g。

综合数据，我们可以看出，利用桂花作为生物模板合成的 $LiFePO_4$具有相对较高的放电比容量，其中 25%桂花生物模板制备的 $LiFePO_4/C$ 表现出最佳的倍率性能。当桂花的质量比较低时，难以吸附足够的 Fe^{3+}来在植物结构内部生成足够的 $FePO_4$，从而导致经过煅烧后形成的多孔 $FePO_4$数量较少，对材料性能的影响有限。而当使用较高比例的桂花模板时，微波水热反应可能导致反应体系吸收微波不均，生成多孔 $FePO_4$的形貌不一致，同时，部分模板可能没有吸收到足够的 Fe^{3+}，导致 $FePO_4$颗粒聚集以及较大的孔隙，从而影响 Li^+的扩散。

采用桂花生物模板制备的多孔结构不仅提供了离子进出通道，还增加了磷酸铁颗粒的比表面积，便于充放电时 $LiFePO_4$与 $FePO_4$之间的相变。

（二）循环伏安测试分析

根据图 3-4 的数据，我们可以看出，以 25%（质）桂花作为生物模板制备的 $FePO_4$合成的多孔 $LiFePO_4/C$，在 0.2C 的首次放电中表现出 139.7mA·h/g 的放电比容量。

在经过 100 次充放电循环后，多孔 $LiFePO_4/C$ 仍然保持着 99.1%的容量保持率和 99.8%的库仑效率。这表明它不仅具有高首次充放电比容量，而且在多次充放电循环中表现出卓越的循环稳定性。

因此，可以看出，以 25%（质）桂花为生物模板制备的磷酸铁合成的多孔 $LiFePO_4/C$ 材料，不仅具有卓越的电化学性能，而且结构稳定，显示出了良好的应用潜力。

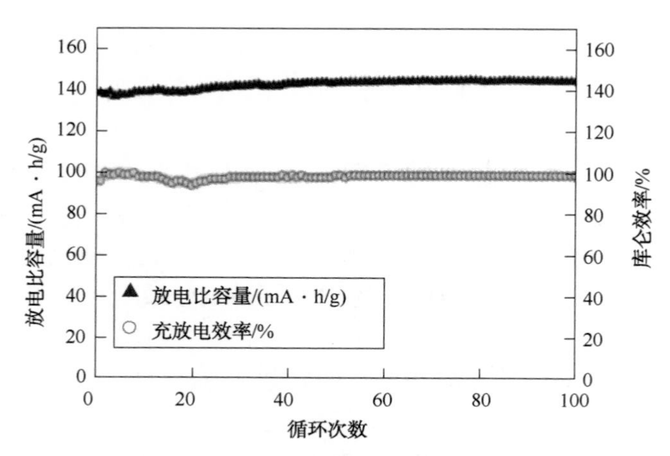

图 3-4 由 25%桂花制备的 $FePO_4$合成的 $LiFePO_4/C$
在 0.2C 倍率下的循环性能曲线图和库仑效率图

第四节　结　论

本章通过生物模板法，以桂花为生物模板吸附 Fe^{3+} 制备了高性能的磷酸铁锂。采用 SEM 和 XRD 表征方法，以及 100 次充放电循环测试和 0. 2～10C 倍率性能等电化学测试，对添加不同质量的桂花进行了深入研究。

通过 SEM 和 XRD 分析，我们对制备条件进行了详细的探究。实验结果表明，微波水热技术在生物模板法中制备磷酸铁的过程中具有独特的优势。它能够使 Fe^{3+} 和 PO_4^{3-} 在桂花内壁中迅速结合并达到饱和状态。沉淀相在桂花植物结构独有的壁和孔洞内瞬间发生大量的“爆析式”萌发和团聚，部分颗粒自组装成球形和片状的大晶粒。经过高温煅烧后，形成了具有 200～300nm 孔隙的球形和片状的磷酸铁颗粒。而通过微波水热法结合苯甲酸络合剂制备的磷酸铁颗粒更加均匀，分散性更好。在最优条件下制备的 $LiFePO_4/C$，在充放电过程中具有更大的比表面积和利于锂离子进出的通道。通过 XRD 分析，我们可以看出，通过生物模板法合成的磷酸铁颗粒具有较好的晶型，并且没有引入其他杂质。

通过电化学测试，我们发现当以 25%(质)的桂花作为生物模板时，制备的磷酸铁合成的多孔 $LiFePO_4/C$ 具有最佳的电化学性能。多孔 $LiFePO_4/C$ 在 0. 2C 的首次放电比容量为 140. 3mA · h/g。经过 100 次的充放电循环测试后，其放电比容量没有明显变化，表现出 99. 1%的容量保持率和 99. 8%的库仑效率，显示出相对较好的电化学性能。

这一研究为利用生物模板法制备高性能磷酸铁锂提供了有益的参考，并突显了微波水热技术在这一过程中的潜在优势。

本章后记：

本章的研究内容是笔者设计、规划并同所指导的学生一起进行科研实验完成的。实验由学生韦莹莹、邢旭等完成。在此，笔者向参与本研究工作并作出贡献的所有学生表示感谢。

参　考　文　献

[1] Jaehoon C, Omid Z, Mojtaba A, et al. Advancing structural batteries: Cost-efficient high-performance carbon fiber - coated $LiFePO_4$ cathodes [J]. RSC Advances, 2023, 13 (44): 30633-30642.

[2] Torabi M, Sadrnezhaad S K. Nanostructured-microfibrillar polypyrrole coated NiTi current collectors for high power and shape memory $LiFePO_4$ cathodes for Li-ion batteries[J]. Journal of Alloys and Compounds, 2023, 969: 172467.

[3] Yu L, Cai D, Wang H, et al. Synthesis of microspherical $LiFePO_4$-carbon composites for lithium-ion batteries[J]. Nanomaterials, 2013, 3(3): 443-452.

[4] Yu W, Wu L, Zhao J, et al. Synthesis of $LiFePO_4/C$ nanocomposites via ionic liquid assisted hydrothermal method[J]. Journal of Electroanalytical Chemistry, 2013, 704(2): 214-219.

[5] Cervera R B M, Llanos P S P. Microstructural and electrochemical investigation of carbon coated nanograined $LiFePO_4$ as cathode material for Li-batteries[J]. International Journal of Chemical and Materials Engineering, 2016, 11(1): 19-22.

[6] Liu Y, Zhang J, Li Y, et al. Solvothermal synthesis of a hollow micro-sphere $LiFePO_4/C$ composite with a porous interior structure as a cathode material for lithium ion batteries[J]. Nanomaterials, 2017, 7(11): 368.

[7] Yoshida K, Okawa H, Ono Y, et al. Sonochemical synthesis of Au/Pd nanoparticles on the surface of $LiFePO_4/C$ cathode material for lithium-ion batteries[J]. Japanese Journal of Applied Physics, 2021, 60(SD): SDDD06.

[8] Jung H D, Kim D, Kim I S, et al. Internal heat self-generation in $LiFePO_4$ battery module[J]. Applied Science and Convergence Technology, 2020, 29(4): 94-97.

[9] Muzhikara P P, Sri J R, Joseph P D, et al. Investigation of in-situ carbon coated $LiFePO_4$ as a superior cathode material for lithium ion batteries. [J]. Journal of Nanoscience and Nanotechnology, 2019, 19(5): 3002-3011.

[10] 肖顺华，邢旭，陈绍军，等．一种采用桂花制备出原位碳包覆多孔磷酸铁材料的方法：CN112436132A [P]. 2020-12-10.

[11] Nils O, Bernhard F, Dominik S, et al. Phase evolution in single-crystalline $LiFePO_4$ followed by in situ scanning X-ray microscopy of a micrometre-sized battery[J]. Nature Communications, 2015, 6(1): 6045.

[12] WonKeun K, WonHee R, DongWook H, et al. Fabrication of graphene embedded $LiFePO_4$ using a catalyst assisted self assembly method as a cathode material for high power lithium-ion batteries[J]. ACS Applied Materials & Interfaces, 2014, 6(7): 4731-4736.

[13] 张驰，郑磊，沈维云，等．正极材料磷酸铁锂研究进展[J]．冶金与材料，2023，43(8)：31-33.

[14] 王瑞林．锂离子电池正极材料磷酸铁锂的碳热还原法制备及电化学性能的研究[J]．中国新技术新产品，2023(16)：30-32.

[15] Dong-Wook H, Won-Hee R, Won-Keun K, et al. Tailoring crystal structure and morphology of $LiFePO_4/C$ cathode materials synthesized by heterogeneous growth on nanostructured $LiFePO_4$ seed crystals[J]. ACS Applied Materials & Interfaces, 2013, 5(4): 1342-1347.

[16] 朱豪飞，王建业，陈柏旭，等．磷酸铁锂正极材料的缺陷机理与改性技术路径[J]．化学通报，2023，86(5)：535-542.

[17] 杨凯欣．磷酸铁锂正极材料制备研究进展[J]．信息记录材料，2022，23(5)：37-40.

[18] Daniel C, D M R, Guobo Z, et al. Formation mechanism of $LiFePO_4$ sticks grown by a microwave-assisted liquid-phase process[J]. Small, 2012, 8(14): 2231-2238.

[19] Meng W, Yong Y, Youxiang Z. Synthesis of micro-nano hierarchical structured $LiFePO_4/C$ composite with both superior high-rate performance and high tap density[J]. Nanoscale, 2011, 3(10): 4434-4439.

[20] Jiajun C, Jason G. Study of antisite defects in hydrothermally prepared $LiFePO_4$ by in situ X-ray diffraction[J]. ACS Applied Materials & Interfaces, 2011, 3(5): 1380-1384.

[21] 潘晓晓，庄树新，孙雨晴，等. 动力型磷酸铁锂正极材料改性的研究进展[J]. 无机盐工业，2023，55(6)：18-26.

[22] 李立平，肖炜彬，李煜乾，等. 固相法的制备参数对磷酸铁锂正极材料性能的影响[J]. 化工技术与开发，2022，51(12)：52-56.

第四章　以桂花为生物模板制备氟掺杂磷酸铁锂及电化学性能研究

第一节　引　　言

尽管已经提出了多种方法来改善 $LiFePO_4$的电化学性能，包括表面碳涂层和颗粒形貌的改进，但直接干预其晶体结构以提高电导率和锂离子扩散速度的方法一直备受期待。离子掺杂作为一种有效的方法，通过在 $LiFePO_4$的晶格内部引入其他元素，可以有效地改善其电化学性能。具体来说，离子掺杂可以扭曲晶格结构，降低极化和电荷迁移电阻，从而提高 $LiFePO_4$的电子导电性，并促进锂离子的扩散。离子掺杂是一项复杂的工程，需要考虑掺杂金属与 $LiFePO_4$晶格的相容性，以确保稳定性和性能的提高。

近年来，研究人员主要集中在探索具有相近掺杂半径的离子，以替代 Li、Fe 和 O 的位置，以期改善 $LiFePO_4$的性质。其中，Fe 位掺杂是一种方法，通过将金属阳离子替代 Fe，可减弱 Li—O 键的相互作用，从而提高离子扩散路径和迁移率。此外，Fe 位掺杂还对晶体生长产生影响，使颗粒形貌更有利于离子扩散。O 位掺杂采用阴离子化合物或单体作为掺杂剂，通过抑制反位缺陷的形成，提高了 $LiFePO_4$的导电性，进而提高了锂离子的迁移速率。尽管这些掺杂方法取得了显著的进展，但 O 位的阴离子掺杂相关研究相对较少，因此仍有很大的探索空间。

在本章中，我们将介绍一种新的方法，结合生物模板法和元素掺杂，以制备电化学性能优异的 $LiFePO_4$正极材料。我们采用桂花作为生物模板，在合成多孔 $LiFePO_4$/C 的基础上，引入氟元素进行 O 位的掺杂，制备出多孔 $LiFePO_{0.37}F_{0.03}$/C。这种新型掺杂方法将有望进一步提高 $LiFePO_4$的电导率和锂离子扩散速度，从而推动锂离子电池的性能提升。我们将详细探讨制备方法、材料特性以及电化学性能，并展望这一研究的未来发展潜力。通过这项研究，我们有望为锂离子电池技术的进一步发展和可持续能源应用作出贡献。

第二节　磷酸铁锂的制备

一、实验部分

(一) 实验仪器及材料

(1) 实验设备

实验用到的实验仪器与设备见表 4-1。

表 4-1　实验的仪器与设备

仪器与设备	型号	生产厂家
电子天平	BSA124S	赛多利斯科学仪器有限公司
数显恒温磁力加热搅拌器	HJ-4A	金坛市城东新瑞仪器厂
箱式马弗炉	KSL-1100X	合肥科晶材料技术有限公司
精密恒温鼓风干燥箱	JDG-9023A	上海市精宏实验设备有限公司
集热式恒温磁力搅拌器	DF-101S	江苏金怡仪器科技有限公司
场发射扫描电子显微镜	SU-5000	日立高新技术公司
X 射线衍射仪	X′Pert Pro	荷兰帕纳科公司
循环水式多用真空泵	SHB-3	长沙明杰仪器有限公司
电动离心机	80-2B	江苏金怡仪器科技有限公司
电热恒温鼓风干燥箱	DHG-9023A	上海市精宏实验设备有限公司

(2) 实验材料

实验用到的试剂及材料见表 4-2。

表 4-2　实验所需的试剂及材料

试剂及材料	化学式	规格	厂家
六水合氯化铁	$FeCl_3 \cdot 6H_2O$	AR	西陇科学股份有限公司
三水合乙酸钠	$CH_3OONa \cdot 3H_2O$	AR	西陇科学股份有限公司
十二水合磷酸氢二钠	$Na_2HPO_4 \cdot 12H_2O$	AR	西陇科学股份有限公司
络合剂(EDTA)	$C_{10}H_{16}N_2O_8$	AR	西陇科学股份有限公司
表面活性剂(SDBS)	$C_{18}H_{29}NaO_3S$	AR	天津市光复精细化工研究所
表面活性剂(PVP)	$(C_6H_9NO)_n$	AR	源叶生物
表面活性剂(CTAB)	CTAB	AR	西陇科学股份有限公司
无水乙醇	CH_3CH_2OH	AR	广东光华科技有限公司
蒸馏水	H_2O		

续表

试剂及材料	化学式	规格	厂家
桂花 氟化锂 锂离子电池组件(型号 LIR2016)	LiF	99.9%	上海铭易新材料有限公司

(二)磷酸铁锂材料的制备

1)以 Li：F：P=1：1：1 的摩尔比，称取 0.5g 由 25%桂花制备的 $FePO_4$前驱体、0.1391g 的 $LiOH \cdot H_2O$ 和 0.06391g 的还原剂抗坏血酸[其中包括 10%(质)的 $LiOH \cdot H_2O$ 和复合 $FePO_4$的总质量]，并将它们放入玛瑙研钵中。

2)然后，根据不同的 LiF 质量比，将 LiF 逐渐加入混合物中。接下来，在室温下进行约 30min 的研磨处理。

3)将样品置于氩气气氛下的管式炉中，以每分钟 6℃ 的升温速率升至 350℃，并进行 5h 的预烧结。随后，取出样品，加入 0.06391g 的葡萄糖[其中包括 10%(质)的 $LiOH \cdot H_2O$ 和复合 $FePO_4$的总质量]，并在玛瑙研钵中进行 20min 的研磨处理。

4)将样品放入氩气气氛的管式炉中，以每分钟 6℃ 的升温速率升至 650℃，并进行 10h 的煅烧，从而获得多孔 $LiFeP_xO_{4-x}/C$(x=0.03、0.05)材料。

(三)材料的表征

(1)扫描电子显微镜

对磷酸铁材料进行 SEM 分析，可以获取关于磷酸铁材料微观特性的 SEM 图像。通过对 SEM 图像的分析，我们能够观察磷酸铁材料的微观形貌、晶胞结构、颗粒的均匀性以及颗粒的分散度。在这项测试中，我们使用了由日立高新技术公司生产的扫描电子显微镜，测试电压设定为 5kV，并采用了多个倍率，包括 1.00k、2.00k、5.00k、10.0k、20.0k 和 30.0k。

(2)X 射线衍射

进行磷酸铁材料的 XRD 分析，可以获得有关磷酸铁材料晶体结构的衍射图谱。通过对衍射图谱的分析，能够评估磷酸铁材料的晶体结晶度。在这项测试中，我们采用扫描速度为 5°/min，并使用荷兰帕纳科公司生产的 X 射线衍射仪，型号为 X′Pert Pro。

二、实验结果与分析

(一)材料 SEM 测试分析结果

图 4-1(a)~(c)展示了 $LiFePO_{3.95}F_{0.05}/C$ 及 $LiFePO_{3.97}F_{0.03}/C$ 的 SEM 图像以

及 $LiFePO_{3.97}F_{0.03}/C$ 能谱分析(EDS)图谱。

从 SEM 图中可以清晰地看出，碳热还原后的多孔 $LiFePO_{3.95}F_{0.05}/C$ 和 $LiFePO_{3.97}F_{0.03}/C$ 仍然保持着其前驱体多孔 $FePO_4$ 独特的形貌。观察表明，磷酸铁锂的形貌对于形成磷酸铁锂的结构具有至关重要的决定作用。在合成过程中，葡萄糖在高温下熔融并转化为无定形碳，覆盖在磷酸铁锂颗粒的外表面。同时，少量的葡萄糖进入材料内部的较大孔隙，增强了电导性。外层无定形碳形成的孔隙与磷酸铁锂内部孔隙相互协作，创造了相对稳定的锂离子扩散通道以及电子传递通道。

图 4-1(c)显示了多孔 $LiFePO_{3.97}F_{0.03}/C$ 的 EDS 图谱，其中 F 元素均匀分布。这表明 F 元素成功地掺杂到多孔磷酸铁锂结构中。这种成功的元素掺杂为材料的电化学性能提供了潜在的改进机会。

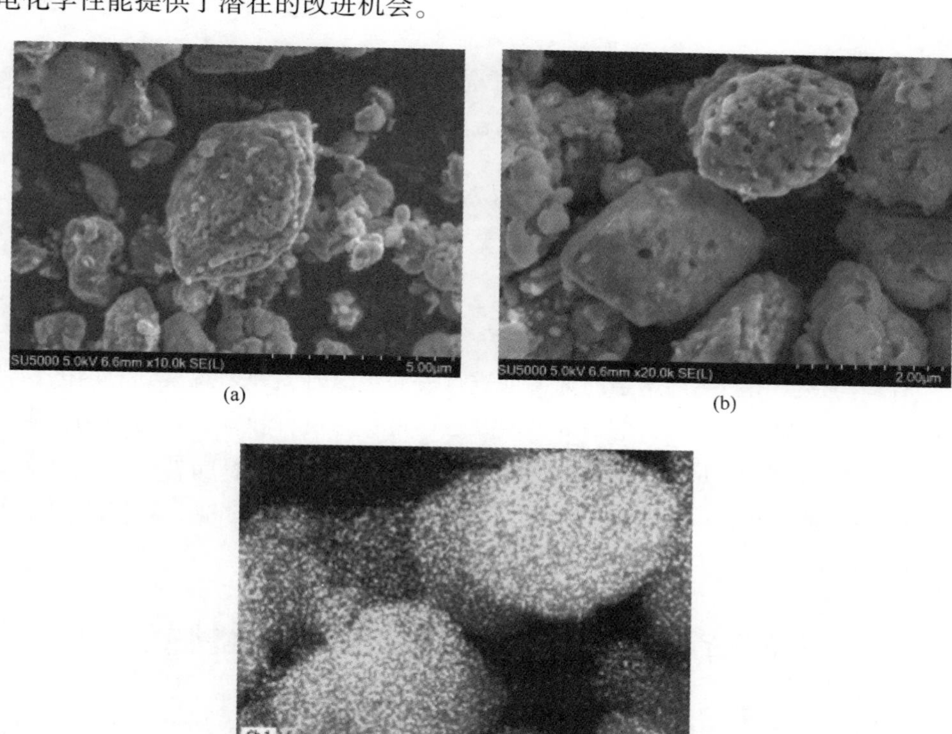

(a)　(b)　(c)

图 4-1　(a) $LiFePO_{3.95}F_{0.05}/C$ 的 SEM 图像；(b) $LiFePO_{3.97}F_{0.03}/C$ 的 SEM 图像；(c) $LiFePO_{3.97}F_{0.03}/C$ 的 EDS 图谱

(二) 材料的 X 射线衍射分析结果

图 4-2 展示了多孔 $LiFePO_{3.97}F_{0.03}/C$ 和多孔 $LiFePO_{3.95}F_{0.05}/C$ 的 X 射线衍射图谱。通过将这些图谱与 JCPDS 标准卡片(卡号 83-2092)进行对比，我们发现多孔 $LiFePO_{1-x}F_x/C$ 材料具有橄榄石型磷酸铁锂的特征峰，每个特征峰均与标准卡片上的相应峰对应。这表明不同掺杂量下的 XRD 图谱都显示出清晰而尖锐的特征峰，没有观察到明显的其他杂峰，这说明多孔 $LiFePO_{1-x}F_x/C$ 是由纯相组成的，在合成过程中没有产生磷酸铁的杂质，也没有引入其他离子对物相产生影响。

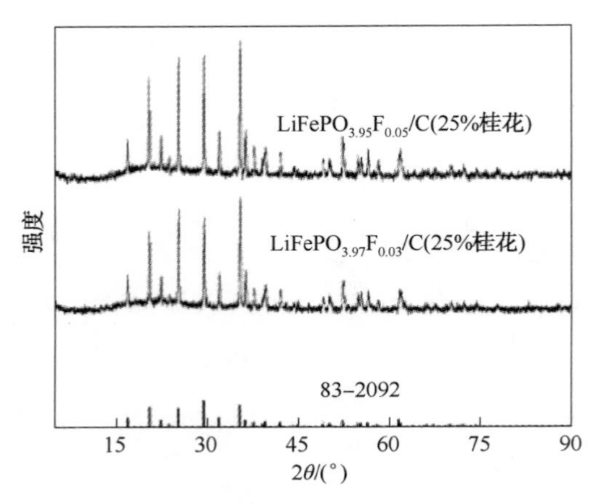

图 4-2　$LiFePO_4/C$、$LiFePO_{3.97}F_{0.03}/C$ 和 $LiFePO_{3.95}F_{0.05}/C$ 的 XRD 图

有趣的是，我们使用熔融的葡萄糖进行表面包覆时，并未观察到对磷酸铁锂的晶型产生影响。这意味着葡萄糖的熔融包覆过程并没有导致材料的结构发生变化，而多孔 $LiFePO_{1-x}F_x/C$ 仍保持了橄榄石型磷酸铁锂的完整晶型。这一发现强化了这种掺杂和包覆方法的有效性，使得多孔 $LiFePO_{1-x}F_x/C$ 成为有潜力用于电池应用的材料。

第三节　磷酸铁锂材料的电化学性能

一、锂离子电池的组装与测试

(一) 电池组装过程

(1) 正极活性极片的制备

为制备正极活性极片，首先需要按照 8∶1∶1 的质量比取 0.2g 的 $LiFePO_4$，0.0125g 的乙炔黑和 0.0125g 的 PVDF。将这些材料加入玛瑙研钵中，并进行

20min 的研磨，以确保它们均匀混合。

随后，将混合好的材料加入搅拌瓶中，并逐渐滴入 NMP，直到浆料变得足以流动，可以滴下为止。继续搅拌浆料 12h 以确保彻底混合。

搅拌完成后，使用滴管均匀地将浆料滴在铝箔上，然后使用 75μm 的铁块涂布器将浆料均匀涂布在铝箔上，形成均匀的涂层。

将涂层置于烘箱中，在 100℃ 下烘干 24h。烘干完成后，将涂层取出，然后使用冲片机裁切出直径为 12mm 的圆形材料极片。同时，对每个极片上的活性物质进行称重，每个极片的活性物质质量约为 8~16mm。

（2）电池的组装流程

首先，对正极壳进行编号，随后将经冲片机切割好的正极极片小心地放入正极壳内。随后，使用冲片机再次裁出直径为 19mm 的隔膜，并将隔膜放置在正极壳内，覆盖在正极极片的上方，准备好后待用于电池盒的组装。

在电池组装之前，将锂离子电池组件（型号 LIR2016）的正极外壳、负极外壳、垫片、塑料滴管、塑料镊子以及经过 100℃ 下烘干 48h 的滤纸一并放入手套箱。在整个电池组装过程中，确保相对湿度小于 1%、氧气浓度小于 0.05μL/L，同时手套箱内部要充满高纯度氩气。

电池的负极选用锂片，电解液采用浓度为 1mol/L 的 $LiPF_6$（体积比为 EC：DMC：EMC=1：1：1）。在电池组装时，首先进行锂片与垫片的组装，将锂片与垫片精确地对齐，然后使用镊子进行冲压，确保它们紧密结合。通过锂片的延展性，将它们牢固地固定在一起。

确保正极极片位于正极壳的中央位置，随后使用塑料滴管将 $LiPF_6$ 电解液滴入隔膜的边缘，使其自然地浸润整个正极极片，以确保正极极片与隔膜之间没有气泡。

将已经组装好的垫片与锂片组合，锂片位于下方，然后放入正极壳中，确保锂片能够充分覆盖正极极片，最后封闭负极外壳。

使用塑料镊子将组装好的电池放入小型液压封口机中，进行封口后取出，将其放入电池盒中。

电池取出后，在常温通风的环境中静置 36h，即可进行充电、放电以及循环伏安法（CV）阻抗测试。

（二）电化学性能测试

（1）倍率性能测试

在本研究中，我们采用了新威 CT-4008T 型电池测试仪进行倍率测试，这是一项旨在评估电池在不同电流密度下的性能的测试。我们分别选取了 0.2C、0.5C、1C、2C、5C 以及 10C 的电流密度进行测试，并特别在进行了 10C 电流密度下的充放电循环测试后，再进行了 0.2C 测试，以观察电池正极材料的稳定性。

（2）循环性能测试

我们采用新威 CT-4008T 型电池测试仪进行电池循环测试，这一测试旨在评估电池在相同倍率下的多次充放电循环表现。我们选择了 0.2C 的电流密度，进行了 100 次的充放电循环测试。

（3）CV 和交流阻抗测试

在 CV 和交流阻抗测试方面，采用了辰华 CHI660E 测试仪进行测试。CV 测试中，设置了上限电位为 4.2V，下限电位为 2.5V，扫描速率分别为 0.1mV/s、0.2mV/s、0.3mV/s 和 0.4mV/s。而在交流阻抗测试中，上限频率设定为 100000Hz，下限频率设定为 0.01Hz。

（4）电导率测试

为了评估电池材料的电导率，我们使用了四探针仪进行测试：首先，将固体粉末与黏结剂 PVDF 混合，并逐渐滴入 NMP，直至混合物能够以流体的形式滴下。接下来，在红外灯下进行 10min 的研磨处理，随后将混合物涂布在玻璃板上，在烘干 12h 后进行测试。

二、实验结果与分析

（一）电池的倍率性能测试分析

图 4-3 显示了由 25%（质）桂花制备的磷酸铁前驱体合成的多孔 $LiFePO_{3.95}F_{0.05}/C$ 和多孔 $LiFePO_{3.97}F_{0.03}/C$ 与微波水热法制备的 $LiFePO_4/C$ 材料的倍率性能图。数据分析表明，随着倍率的增加，三种材料的充放电比容量都出现下降，特别是在 10C 倍率下，下降的幅度最为显著。然而，在相同倍率下，$LiFePO_{3.97}F_{0.03}/C$ 和 $LiFePO_{3.95}F_{0.05}/C$ 的充放电比容量均优于微波水热法制备的 $LiFePO_4/C$，表明这种材料具有更高的放电比容量。

在不同倍率下，$LiFePO_{3.97}F_{0.03}/C$ 和 $LiFePO_{3.95}F_{0.05}/C$ 的首次放电比容量分别为 164.0mA·h/g、157.6mA·h/g、150.3mA·h/g、139.9mA·h/g、115.3mA·h/g 和 74.3mA·h/g，而微波水热法制备的 $LiFePO_4/C$ 为 152.2mA·h/g、145.7mA·h/g、138.1mA·h/g、124.0mA·h/g、109.6mA·h/g 和 75.6mA·h/g。此外，经过 10C 倍率的循环后，再进行 0.2C 的充放电循环，首次 0.2C 下的容量仍然保持，表明 $LiFePO_{3.97}F_{0.03}/C$、$LiFePO_{3.95}F_{0.05}/C$ 和 $LiFePO_4/C$ 不仅能在高电流密度下提供相对较高的放电比容量，而且其结构稳定。

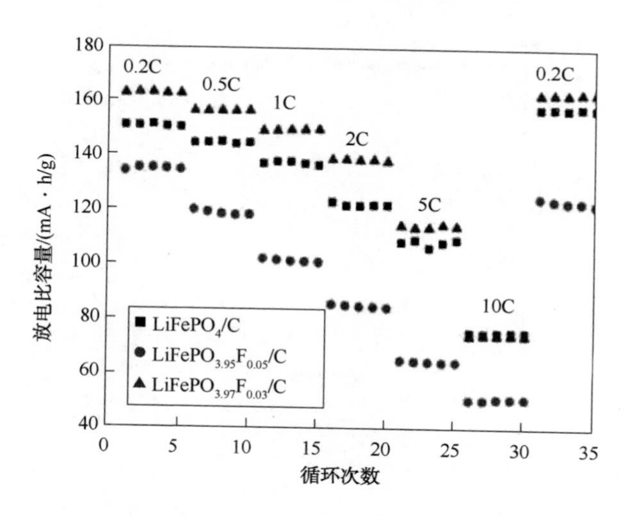

图 4-3　$LiFePO_4/C$、$LiFePO_{3.95}F_{0.05}/C$ 和 $LiFePO_{3.97}F_{0.03}/C$ 的倍率性能曲线图

总体而言，多孔 $LiFePO_{3.97}F_{0.03}/C$ 在 0.2~10C 电流密度下具有更高的放电比容量。在 10C 倍率下，放电比容量能保持在 74.3mA · h/g，相对于微波水热法制备的 $LiFePO_4/C$(51.4mA · h/g)有着显著的提高。这表明通过生物模板法制备前驱体的均匀多孔形貌和 F 元素的掺杂显著提高了磷酸铁锂的电化学性能，多孔结构与 F 掺杂相互协同作用。多孔结构增加了反应表面积，促进了 Li^+ 的脱嵌，同时也有助于 F 元素更均匀地掺杂到磷酸铁锂内部，提高了掺杂效果。

（二）恒电流充放电测试分析

图 4-4 显示了多孔 $LiFePO_{3.97}F_{0.03}/C$ 正极材料的循环性能图。从图 4-4 中可以明显看出，在 0.2C 倍率下，$LiFePO_{3.97}F_{0.03}/C$ 正极材料的首次放电比容量为 164.1mA · h/g。经过 100 次充放电循环后，材料的性能仍然保持非常稳定。充放电 100 次后，库仑效率为 98.7%，放电比容量保持率为 99.1%。这些结果表明，$LiFePO_{3.97}F_{0.03}/C$ 正极材料具有出色的循环稳定性。

这种多孔结构的正极材料在多次锂离子的插层/脱层过程中没有出现结构破损，维持了高反应表面积并保持了较高的稳定性。因此，通过充放电测试，我们可以得出结论，$LiFePO_{3.97}F_{0.03}/C$ 表现出出色的电化学性能。F 元素的掺杂导致了磷酸铁锂的晶格参数 b 和 c 的增加，从而增强了锂离子的插层/脱层动力学过程，同时有效地稳定了晶体结构，在充放电循环中表现出了杰出的性能。

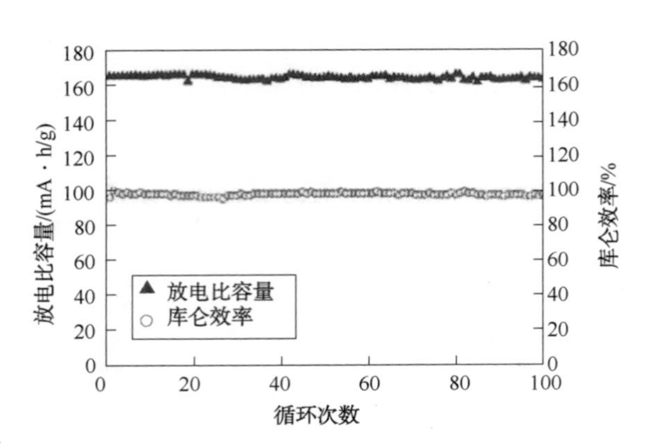

图 4-4　$LiFePO_{3.97}F_{0.03}$在 0.2C 倍率下的循环性能曲线图和库仑效率图

（三）循环伏安测试分析

从图 4-5(a)可以观察到，在 0.2mV/s 的扫描速度下，多孔 $LiFePO_{3.97}F_{0.03}/C$ 在 3.23~3.59V 范围内显示出氧化还原峰，而 $LiFePO_4/C$ 在 3.24~3.62V 范围内也呈现出氧化还原峰。通过比较 0.2C 倍率下的循环伏安(CV)曲线，可以明显看出，$LiFePO_{3.97}F_{0.03}/C$ 显示出更尖锐的峰和更高的峰强度，这表明 Li^+插层/脱层的电化学动力学被显著增强。$LiFePO_{3.97}F_{0.03}/C$ 和 $LiFePO_4/C$ 的 ΔE_p(峰电位分离值)分别为 0.36V 和 0.677V。与 $LiFePO_4/C$ 相比，$LiFePO_{3.97}F_{0.03}/C$ 具有更低的 ΔE_p 值和更高的峰电流，这意味着多孔 $LiFePO_{3.97}F_{0.03}/C$ 具有更低的电化学极化，因此显示出卓越的电化学性能。

这种改善可以归因于多方面因素：首先，F 元素的掺杂位于由葡萄糖熔融形成的碳膜中，它不仅通过改变碳膜的电子结构提高了碳的电子导电性，还通过在碳膜中引入缺陷和空位，增加了锂离子的扩散通道，从而促进了锂离子的插层/脱层动力学。其次，F 元素的掺杂通过减弱 Li—O 键修饰了 $LiFePO_4$的微观结构，从而改善了锂离子在 $LiFePO_4$中的扩散，使 F 掺杂的 $LiFePO_4$表现出了稳定的循环能力和高速率性能。

图 4-5(b)和图 4-5(c)显示了由 25%(质)桂花制备的 $FePO_4$前驱体合成的多孔 $LiFePO_{3.97}F_{0.03}/C$ 和 $LiFePO_4/C$ 在 0.1~0.4mV/s 的扫描速率下进行的循环伏安性能测试曲线。从图 4-5 中可以看出，多孔 $LiFePO_{3.97}F_{0.03}/C$ 与 $LiFePO_4/C$ 一样在不同扫描速率下(分别为 0.1mV/s、0.2mV/s、0.3mV/s 和 0.4mV/s)都表现出了单一对称的氧化还原峰，分别位于 3.27/3.56V、3.23/3.59V、3.21/3.62V 和 3.20/3.65V 处。此外，ΔE_p 和峰电流随着扫描速率的增加而增大，这一现象表明多孔 $LiFePO_{3.97}F_{0.03}/C$ 具有良好的可逆性。

这些结果的背后有多方面因素：首先，适量的熔融葡萄糖在多孔磷酸铁锂外层和较大的孔洞内部形成均匀包裹，扩大了包裹面积，有效提高了材料的电导率。其次，F 元素的掺杂没有改变锂离子脱出和嵌入的两相机制，同时减小了电极极化效应和不可逆容量损失，增强了可逆性。

图 4－5（d）显示了由 25%（质）桂花制备的磷酸铁前驱体合成的多孔 $LiFePO_{3.97}F_{0.03}/C$ 和微波水热法制备的 $LiFePO_4/C$ 样品的峰值电流（I_p）与扫描速率的平方根（$v^{1/2}$）之间的关系。通过图 4－5 可见，多孔 $LiFePO_{3.97}F_{0.03}/C$ 和 $LiFePO_4/C$ 的氧化/还原峰值电流（I_p）与 $v^{1/2}$ 之间都存在明显的线性关系。

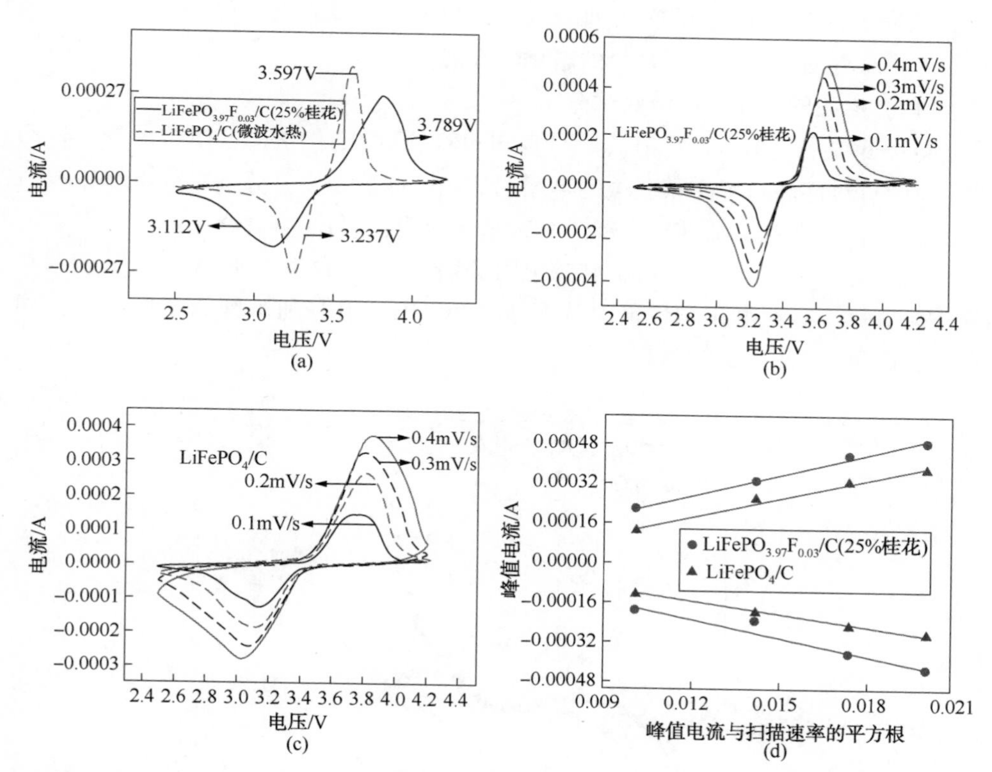

图 4-5 (a) $LiFePO_4/C$ 和 $LiFePO_{3.97}F_{0.03}/C$ 在 0.2mV/s 的扫描速率下的 CV 曲线对比；(b) $LiFePO_{3.97}F_{0.03}/C$ 在不同扫描速率下的 CV 曲线；(c) $LiFePO_4/C$ 在不同扫描速率下的 CV 曲线；(d) 峰值电流（I_p）与扫描速率的平方根（$v^{1/2}$）的关系图

我们使用了 Randles-Sevcik 方程，该方程如下：

$$I_p = 2.69\times10^5 n^{3/2} A D^{1/2} v^{1/2} C$$

式中，I_p 为 CV 曲线中的峰值电流；n 为电荷转移次数；A 为电极材料的表面积，cm^2；v 为测试时的扫描速度，mV/s；C 为磷酸铁锂相中 Li^+ 的浓度，mol/cm^3；D 为锂离子的扩散速率，cm^2/s。在本研究中，n 取值为 1，正极电极的表面积为 $1.13cm^2$，C 取值为 $2.2755\times10^{-2}mol/cm^3$。

使用该方程，我们可以得出多孔 $LiFePO_{3.97}F_{0.03}/C$ 的氧化反应对应的 Li^+ 扩散系数为 $1.63\times10^{-11}cm^2/s$，还原反应对应的 Li^+ 扩散系数为 $1.261\times10^{-11}cm^2/s$。$LiFePO_4/C$ 的氧化反应对应的 Li^+ 扩散系数为 $1.329\times10^{-11}cm^2/s$，还原反应对应的 Li^+ 扩散系数为 $6.037\times10^{-12}cm^2/s$。这些结果表明，在氧化还原过程中，多孔 $LiFePO_{3.97}F_{0.03}/C$ 具有更高的 Li^+ 扩散系数，这既证实了多孔结构提供了更稳定的 Li^+ 扩散通道，有利于 Li^+ 的嵌入和脱嵌，也表明 F 元素的掺杂提高了 Li^+ 的扩散系数，从而有助于提高正极材料的电化学性能。

（四）电流的交流阻抗谱测试分析

图 4-6 显示了 $LiFePO_{3.97}F_{0.03}/C$ 和 $LiFePO_4/C$ 的电化学交流阻抗曲线。这两种不同的材料都展示了高频区域的半圆和低频区域的直线，分别对应电化学反应中 Li^+ 的扩散阻抗和电荷转移过程。分析结果表明，多孔 $LiFePO_{3.97}F_{0.03}/C$ 和微波水热法制备的 $LiFePO_4/C$ 的电荷转移电阻分别为 375.2Ω 和 681.2Ω。这表明多孔 $LiFePO_{3.97}F_{0.03}/C$ 在电化学性能上优于 $LiFePO_4/C$，更有利于锂离子的扩散，同时也与循环伏安法测试结果相一致。

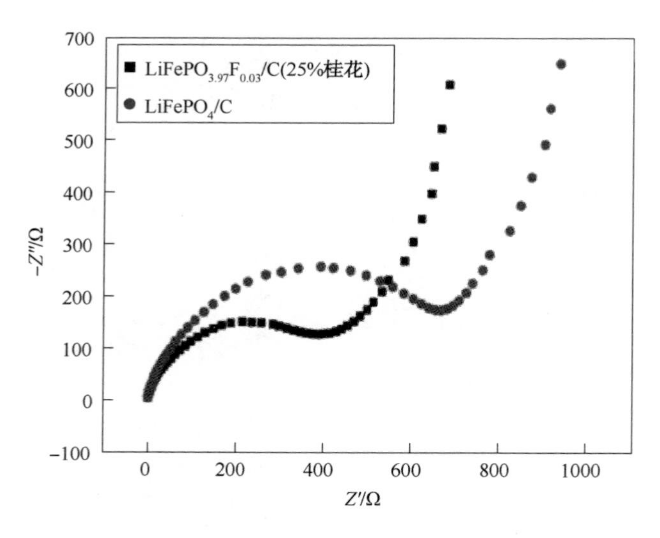

图 4-6　$LiFePO_{3.97}F_{0.03}/C$ 和 $LiFePO_4/C$ 的电化学交流阻抗图

第四节 结 论

本章中，我们采用了25%(质)桂花生物模板制备的多孔磷酸铁材料，结合氟元素的掺杂，成功合成了多孔$LiFePO_{3.97}F_{0.03}/C$。我们使用了SEM、XRD、EDS等表征手段，以及电化学性能测试方法，包括0.2~10C倍率测试、100次充放电循环测试、0.1~0.4mV/s循环伏安和交流阻抗测试，对多孔$LiFePO_{3.97}F_{0.03}/C$的性能进行了深入研究。

首先，XRD分析表明多孔$LiFePO_{3.97}F_{0.03}/C$具有橄榄石型磷酸铁锂的特征峰，且这些峰与标准卡片相匹配，显示样品为纯相。SEM观察结果显示多孔$LiFePO_{3.97}F_{0.03}/C$保持了以桂花为生物模板制备的多孔结构，这有利于葡萄糖包覆和F元素的均匀掺杂。EDS分析结果进一步验证了F元素成功地进入了材料中。

其次，电化学性能测试结果表明，多孔$LiFePO_{3.97}F_{0.03}/C$在0.2C倍率下的首次放电比容量达到164.0mA·h/g，经过100次充放电循环测试后，仍然具有出色的容量保持率和库仑效率。循环伏安测试显示多孔$LiFePO_{3.97}F_{0.03}/C$相对于微波水热法制备的$LiFePO_4/C$具有更小的ΔE_p和更高的峰值电流，表明其具有更低的极化程度和更好的电化学性能。通过计算和交流阻抗测试，我们确定了多孔$LiFePO_{3.97}F_{0.03}/C$的Li^+扩散系数和电荷转移阻抗，分别为1.63×10^{-11} cm^2/s和375.2Ω。

综上所述，本研究表明，在以桂花为生物模板法的基础上，通过氟元素的掺杂，我们成功改善了磷酸铁锂正极材料的电化学性能。多孔结构为材料提供了更稳定的Li^+扩散通道，有利于锂离子的嵌入和脱嵌，而F元素的掺杂则提高了Li^+的扩散系数，进一步增强了正极材料的性能。这些结果为新型锂离子电池正极材料的设计和开发提供了有益的启示。

本章后记：

本章的研究内容是笔者设计、规划并同所指导的学生一起进行科研实验完成的。实验由学生韦莹莹、邢旭等完成。在此，笔者向参与本研究工作并作出贡献的所有学生表示感谢。

参 考 文 献

[1] Guo S, Liu J, Zhang Q, et al. 3D Porous $ZnCo_2O_4/Co_3O_4$ composite grown on carbon cloth as High-Performance anode material for lithium-Ion battery[J]. Materials Letters, 2020, 267: 127549.

[2] Kang J, Senanayake G, Sohn J, et al. Recovery of cobalt sulfate from spent lithium ion batteries by reductive leaching and solvent extraction with Cyanex 272[J]. Hydrometallurgy, 2010, 100(3-4): 168-171.

[3] Pranolo Y, Zhang W, Cheng C Y. Recovery of metals from spent lithium-ion battery leach solutions with a mixed solvent extractant system[J]. Hydrometallurgy, 2010, 102(1-4): 37-42.

[4] Yan S, Wu J, Dai Y, et al. Excellent electrochemical application of Ni-based hydroxide/biomass porous carbon/sulfur composite cathode on lithium-sulfur batteries[J]. Colloids and Surfaces A: Physicochemical and Engineering Aspects, 2020, 591: 124513.

[5] Zhang Y, Sun J, Hu Y, et al. Bio-cathode materials evaluation in microbial fuel cells: A comparison of graphite felt, carbon paper and stainless steel mesh materials[J]. International Journal of Hydrogen Energy, 2012, 37(22): 16935-16942.

[6] 王昭沛，李意能，刘其峰，等．铈掺杂对磷酸铁锂加工性能的改善[J]．广东化工，2023，50(15)：94-97.

[7] Zhu J, Wang H, Ma L, et al. Observation of ambipolar photoresponse from 2D MoS_2/MXene heterostructure[J]. Nano Research, 2021, 14(10): 3416-3422.

[8] 曾坤，郑晓妍，龚慧玲，等．基于锂负极的液态金属电池研究进展[J/OL]．储能科学与技术：1-11[2023-11-15]. https://doi.org/10.19799/j.cnki.2095-4239.2023.0613.

[9] 彭亮，赵明．新能源汽车用尖晶石锰酸锂正极材料的高温性能[J]．有色金属工程，2023，13(10)：9-15.

[10] Yaqoob M Z, Ahamd M, Ghaffar A, et al. Thermally tunable electromagnetic surface waves supported by graphene loaded indium antimonide (InSb) interface[J]. Scientific Reports, 2023, 13(1): 18631.

[11] Wu Y, Liu X, Wang L, et al. Development of cathode-electrolyte-interphase for safer lithium batteries[J]. Energy Storage Materials, 2021, 37: 77-86.

[12] Johnson I D, Lübke M, Wu O Y, et al. Pilot-scale continuous synthesis of a vanadium-doped $LiFePO_4$/C nanocomposite high-rate cathodes for lithium-ion batteries[J]. Journal of Power Sources, 2016, 302: 410-418.

[13] Lai C Y, Thai J C, Xie J Y. Beta-cyclodextrin as carbon source for synthesis of $LiFePO_4$/C with improved electrochemical properties in Lithium-ion batteries[J]. Journal of Rare Earths, 2005, 23(s1): 219-223.

[14] 姚家涛，张勇，韩培林，等．基于磷酸铁锂提锂渣的电池级磷酸铁制备工艺研究[J]．化工矿物与加工，2023，52(9)：1-5.

[15] 贾智棋，宋艳玲．Mxene 增强 $LiFePO_4$ 电池正极材料性能研究[J]．化学工程师，2023，37(9)：14-18.

[16] 李加勇，白志鹏，郑清清．一种制备锂电池用 $LiFePO_4$ 的方法[J]．电源技术，2023，47(8)：1002-1005.

[17] 闫银贤，马航，万邦隆，等．磷酸铁锂正极材料的功能化研究现状及展望[J]．云南化工，2023，50(9)：33-36.

[18] Yao C，Wang F，Chen J，et al. First-principles study of the structural and electronic properties of $LiFePO_4$ by graphene and N-doped graphene modification[J]. Computational and Theoretical Chemistry，2022，1217：113897.

[19] Cao F，Pan G X，Zhang Y J. Construction of ultrathin N-doped carbon shell on $LiFePO_4$ spheres as enhanced cathode for lithium ion batteries[J]. Materials Research Bulletin，2017，96：325-329.

[20] Göktepe H. Electrochemical performance of Yb-doped $LiFePO_4$/C composites as cathode materials for lithium-ion batteries[J]. Research on Chemical Intermediates，2013，39：2979-2987.

第五章　以香蕉皮为生物模板制备磷酸铁锂及电化学性能研究

第一节　引　　言

磷酸铁锂正极材料的制备与性能研究一直以来都是锂离子电池领域备受关注的研究方向。本章聚焦于采用香蕉皮多孔碳作为原料，结合微波水热和高温煅烧的方法制备磷酸铁锂复合材料，不仅解决了当前制备中高碱量的弊端，同时为香蕉皮的合理利用提供了新的思路。

在这项研究中，我们通过将磨碎的香蕉皮多孔碳与硝酸铁溶液、磷酸二氢铵溶液形成混合溶液，在微波水热合成仪中反应，经过600℃的煅烧，成功获得$FePO_4$/C前驱体。随后加入锂源，研磨均匀后在600℃煅烧，即可得到$LiFePO_4$/C复合材料。通过X射线衍射测试和扫描电子显微镜测试，我们揭示了磷酸铁锂复合材料的晶体微观结构和外貌特征，表明其具有较为优良的表征特性和电化学性能。

本研究的目的在于探索片状磷酸铁锂的简单制备方法，通过微波水热-高温煅烧相结合的方法改进制备微型、多孔、环保的片状结构的磷酸铁锂材料，以提升锂离子电池的电化学性能。我们相信这一研究将为磷酸铁锂电池的发展提供新的思路和方法，为清洁、环保的能源应用作出一定的贡献。

第二节　磷酸铁锂的制备

一、实验部分

（一）实验仪器及材料

（1）实验设备

本实验所使用的主要仪器见表5-1。

表 5-1　实验所用仪器

仪器名称	型号	生产厂家
电子天平	FA1104	上海舜玉恒平科学仪器公司
真空干燥箱	DZF-6050	上海一恒科学仪器有限公司
数显恒温磁力加热搅拌器	HJ-4A	金坛市城东新瑞仪器厂
恒温鼓风干燥箱	DHG-9023A	上海市精宏仪器设备有限公司
循环水式多用真空泵	SHB-3	长沙明杰仪器有限公司
旋转式真空泵	SHZ-D	巩义市予华仪器有限责任公司
真空管式电阻炉	OTF-1200X	合肥科晶技术有限公司
X 射线衍射仪(XRD)	X′Pert Pro	荷兰帕纳科公司
SEM 扫描电子显微镜	SU-5000	日立高新技术公司
电化学工作站	CH1760E	上海辰华仪器设备有限公司
电池性能测试系统	BTS-3000n	深圳新威尔电子有限公司
手套箱	LAB2000	米开罗那(中国)有限公司
微波水热合成仪	XH-800SE	北京祥鹄科技发展有限公司

（2）实验用具

本实验所使用的用具见表 5-2。

表 5-2　实验所用用具

用具名称	尺　寸
玛瑙研钵	$R=70$mm
烧杯	$V=200$mL
蒸发皿	$R=100$mm
镊子	常规
药勺	常规
瓷舟	30mm
称量纸	50mm×50mm
抽滤纸	$R=60$mm
防护手套	常规
磁石	常规

（3）实验试剂及材料

本实验所使用的试剂及材料见表 5-3。

表 5-3 实验所需试剂及材料

试剂及材料	化学式	形态	级别	相对分子质量	含量/%	生产厂家
烘干香蕉皮	碳源	黑色硬块				
氢氧化钾	KOH	白色均匀颗粒或片状固体	AR	56.11	≥85.0	西陇化工股份有限公司
九水合硝酸铁（硝酸铁）	$Fe(NO_3)_3 \cdot 9H_2O$	浅紫色或灰白色结晶	AR	403.99	98.5~101.0	西陇科学股份有限公司
磷酸二氢铵	$NH_4H_2PO_4$	无色结晶	AR	115.02	≥99.0	西陇科学股份有限公司
山梨酸	$C_6H_8O_2$	白色粉末	AR	112.13	≥99.0	上海凛恩科技发展有限公司
氨水	NH_3	透明、刺激性液体		17		
无水乙醇	CH_3CH_2OH	无色透明易挥发性液体	AR	46.07	≥99.7	天津市富宇精细化工有限公司
氢氧化锂（一水）	$LiOH \cdot H_2O$	白色粉末	AR	41.96	≥98.0	西陇化工股份有限公司
抗坏血酸	$C_6H_8O_6$	白色晶体或结晶性粉末	AR	176.13	≥99.7	西陇化工股份有限公司
乙炔黑	C	黑色粉末		12		
聚偏二氟乙烯	PVDF	白色粉末				
N-甲基-2-吡咯烷酮	C_5H_9NO	无色透明油状液体	AR	99.13	≥99.0	西陇化工股份有限公司
锂片	Li	圆形极片	电池级			武汉齐来格科有限公司
电解液	$LiPF_6$/EC+DMC+EMC	无色透明液体	电池级			力源锂电科技有限公司

（二）磷酸铁锂材料的制备

（1）香蕉皮多孔碳的制备

1）在真空干燥箱中烘干新鲜的香蕉皮，持续 48h，最终得到黑色的硬块状材料，呈易碎状态且散发着香气。

2）将烘干后的香蕉皮剁碎并倒入干净的烧杯中，随后配制 200mL 1mol/L 氢氧化钾溶液。这个操作需要在加热搅拌器上进行，确保各物质在溶液中充分混合和溶解。氢氧化钾固体粉末具有吸湿性，因此在称量过程中可能会吸收大气中的水蒸气，导致质量发生变化。将氢氧化钾溶液与香蕉皮碎渣充分搅拌混合均匀，然后用保鲜塑料膜封盖好烧杯。接下来，进行 6h 的搅拌，但在搅拌混合充分后，发现无法完全使用真空泵抽滤出液体。经过讨论，将漏斗上方的液体倒出，然后重新进行滤渣的抽滤。在抽滤过程中，使用蒸馏水清洗滤渣，确保滤干并彻底净化。最后，将含有滤渣的滤纸放入培养皿中，再次用保鲜塑料膜封盖，同时在封盖上戳一些小孔，以便在干燥过程中释放水蒸气。将材料置于真空干燥箱中，进行 24h 的干燥。

3）在完全干燥后，获得细块状的黑褐色香蕉皮多孔碳材料。

（2）$FePO_4/C$ 前驱体的制备

1）使用保鲜膜和 A4 纸包裹香蕉皮材料，然后用锤子将其粉碎，将碎片装入干净的袋子，并贴上标签以便后续操作。

2）在装有 100mL 蒸馏水的烧杯中称取 2. 0199g 固体硝酸铁粉末，另一烧杯中称取 0. 5751g 磷酸二氢铵固体粉末。将它们分别放入数字式恒温磁力加热搅拌器中搅拌，配制成浓度均为 0. 5mol/L 的硝酸铁溶液和磷酸二氢铵溶液。在搅拌条件下，向硝酸铁溶液中加入 0. 2595g 山梨酸[10%(质)]和 0. 1298g 香蕉皮多孔碳[5%(质)]，搅拌 30min，然后以 1 滴/s 的速率缓慢加入磷酸二氢铵溶液。加入氨水(1mol/L)搅拌均匀，调节溶液至 pH 值=2. 05(注意在用蒸馏水冲洗前后用滤纸擦拭 pH 计电极)，继续搅拌 0. 5h。

3）将搅拌均匀的溶液转移至反应釜中，在合成仪中进行 1. 5h 充分反应。当反应釜冷却至 30℃以下时，进行抽滤操作，将滤渣覆盖戳破的塑料薄膜，然后放入真空干燥箱中进行超过 24h 的干燥。

4）将干燥后的反应产物放入干净干燥的瓷舟中，使用 OTF-1200X 真空管式电阻炉以 600℃高温煅烧 600min，然后降温 720min，使温度达到 20℃，即可得到 $FePO_4/C$ 前驱体。将其放入袋子中并贴上标签，然后置于真空干燥箱中以保持其干燥状态。

5）重复步骤 2)~4)，继续制备 10%(质)、15%(质)、20%(质)的 $FePO_4/C$ 前驱体。

（3）$LiFePO_4/C$ 复合材料的制备

1）合成 $LiFePO_4/C$ 复合材料：按照 $FePO_4/C$ 前驱体：锂源=1：1. 05(摩尔比)，分别称取 0. 4g $FePO_4/C$ 前驱体、0. 1169g 氢氧化锂、0. 0517g 抗坏血酸[其中包括 10%(质)的锂源和硝酸铁的总质量]。随后滴加适量酒精，在玛瑙研钵中充分研磨 0. 5h。

2）将研磨成粉末的混合材料样品装入瓷舟中，使用管式炉以5℃/min的升温速度，在650℃条件下预煅烧600min。需要注意，石英管式炉中应充满流动平衡的保护气体，以防止材料发生其他反应。设置起始温度为20℃，升温315min达到650℃，保持在650℃高温下600min。待管式炉冷却720min至室温后，将产物装入袋子中贴上标签，然后放入真空干燥箱中以保持其干燥程度。

3）重复步骤1）和2），继续制备10%（质）、15%（质）、20%（质）的 $LiFePO_4/C$ 复合材料。

（三）材料的表征

（1）扫描电子显微镜分析

SEM利用短波电子束作为光源，对被测材料的颗粒进行成像，直接观察材料颗粒的形态和大小。不同颗粒形态会影响电子束的入射角和折射角。电子束信息转换为光信号，呈现为扫描图像。这些图像可清晰分析制备材料的颗粒形状和大小。

本研究采用日立高新技术公司的SU-5000型扫描电子显微镜，测试电压为5kV，测试倍率为2.00k、5.00k、10.0k、20.0k、25.0k、30.0k。

（2）X射线衍射分析

XRD通过晶体形成的X射线衍射来检测物质内部微观结构和原子空间分布。其原理如下：特定波长的X射线在给定角度暴露于晶体物质时，晶体内部的原子排列规律与X射线的排列规律相匹配，产生一系列衍射峰特征。这些峰能检测晶体内部的类型，准确的检测结果不仅可识别晶相和结晶度，还可确定晶胞常数。

本研究使用荷兰帕纳科公司X′Pert Pro型X射线衍射仪，扫描范围 2θ 为10°~80°，以5℃/min的速度对样品进行XRD测试。

二、实验结果与分析

（一）材料SEM测试分析结果

（1）$FePO_4/C$ 前驱体SEM分析

图5-1展示了在不同香蕉皮多孔碳含量下，通过微波水热反应得到的 $FePO_4/C$ 前驱体的扫描电子显微镜图像。在香蕉皮多孔碳含量为5%的条件下，$FePO_4/C$ 前驱体颗粒的直径约为2~3μm。这些颗粒表面呈现出棉絮状的碳包覆结构，晶体颗粒整体分布均匀，大小相近。在香蕉皮多孔碳含量为10%时，$FePO_4/C$ 前驱体颗粒表面的碳附着呈现不均匀、不明显的特征。

然而，在香蕉皮多孔碳含量为15%和20%时，颗粒的特征发生了变化。颗粒呈现出块状不规则的特征，可能是由于小颗粒发生了团聚现象，也可能是由于研磨过程不均匀所致。

这些观察结果表明，香蕉皮多孔碳含量对 $FePO_4$/C 前驱体的形貌和结构具有显著影响。低含量的多孔碳有助于形成均匀且大小相近的颗粒结构，然而高含量下可能导致颗粒形貌的不规则和团聚现象。

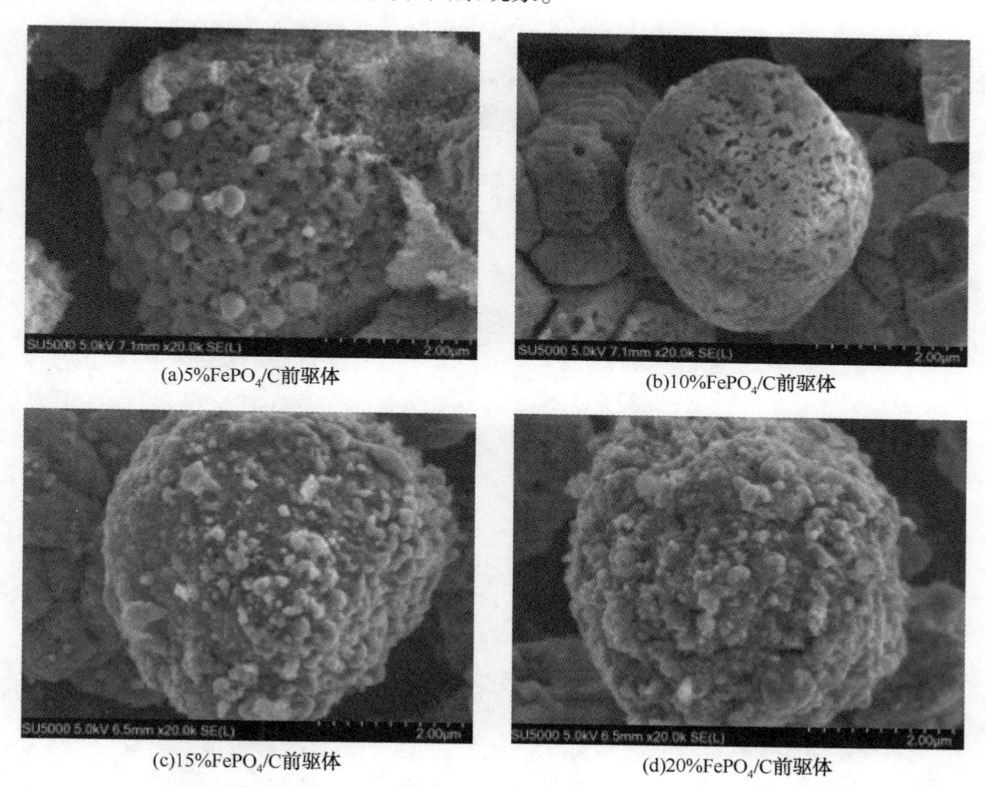

(a)5%$FePO_4$/C前驱体　(b)10%$FePO_4$/C前驱体

(c)15%$FePO_4$/C前驱体　(d)20%$FePO_4$/C前驱体

图 5-1　不同质量香蕉皮多孔碳制备的 $FePO_4$/C 前驱体的 SEM 图

（2）$LiFePO_4$/C 复合材料 SEM 分析

图 5-2 展示了在不同香蕉皮多孔碳含量下通过微波水热反应得到的 $LiFePO_4$/C 复合材料的扫描电子显微镜图像。在 5%香蕉皮多孔碳条件下，晶体颗粒呈现出均匀分布，表面无明显的碳包覆和小颗粒团聚现象；而在 10%香蕉皮多孔碳条件下，晶体颗粒呈现出不规则的形状，表面较为粗糙。

然而，当香蕉皮多孔碳含量达到 15%和 20%时，$LiFePO_4$/C 复合材料的颗粒表面显现出更为粗糙的特征，且出现异常晶粒的团聚。

从图 5-2 中观察到，$LiFePO_4$/C 复合材料的颗粒形态主要为球形，这是微波水热法的典型特征之一。然而，却未出现明显的碳网包覆结构。可能的原因之一是香蕉皮材料中杂质含量过高，导致碳元素在反应过程中残留量过少，难以形成完整的包覆结构。此外，颗粒较大可能是由于研磨时间不足，导致材料未能被充分研磨。另一可能性是 $LiFePO_4$ 中的 PO_4^{3-} 结构具有良好的热稳定性，在研磨过程中难以破坏其结构。

这些因素影响了 $LiFePO_4$/C 复合材料颗粒的生长和团聚，进而扩大了颗粒内部锂离子的扩散路径，导致该复合材料的电化学性能和导电率下降。

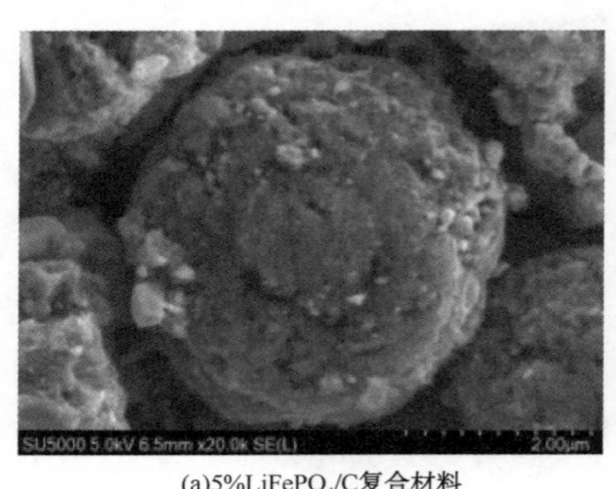

(a)5%$LiFePO_4$/C复合材料

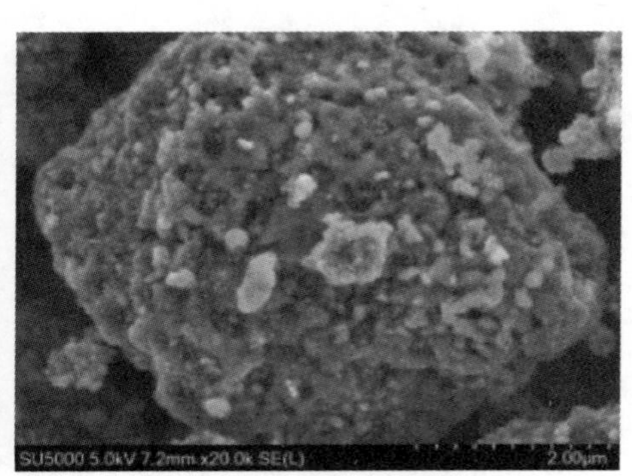

(b)10%$LiFePO_4$/C复合材料

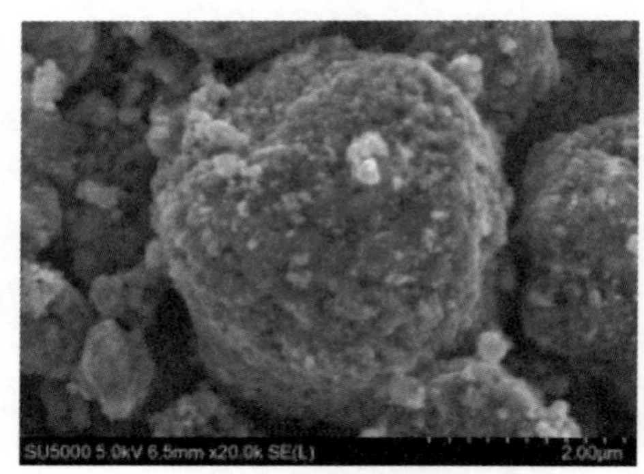

(c)15%$LiFePO_4$/C复合材料

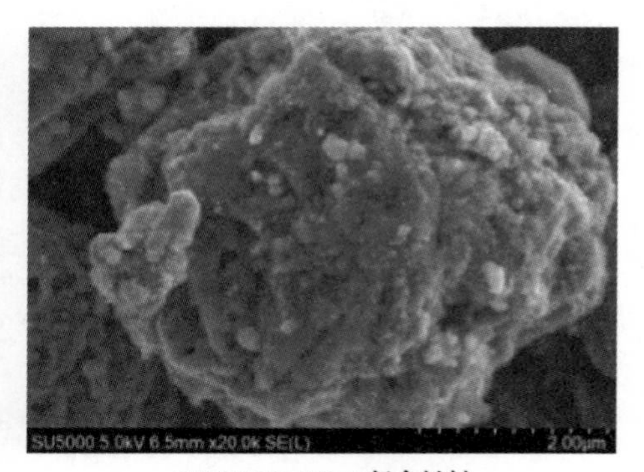

(d)20%$LiFePO_4$/C复合材料

图 5-2　不同质量香蕉皮多孔碳制备的 $LiFePO_4$/C 复合材料的 SEM 图

（二）材料的 X 射线衍射分析结果

图 5-3 展示了在不同含量的香蕉皮多孔碳条件下制备的 $LiFePO_4$/C 正极材料的 X 射线衍射图谱。这些图谱提供了对不同条件下材料结晶特性的观察。

使用不同质量的香蕉皮制备的复合材料的 XRD 图谱都与磷酸铁锂的标准图谱相匹配，表明所有样品基本为单一晶相，具有良好的结晶性。然而，在不同含量下的样品间仍有一些微小差异。

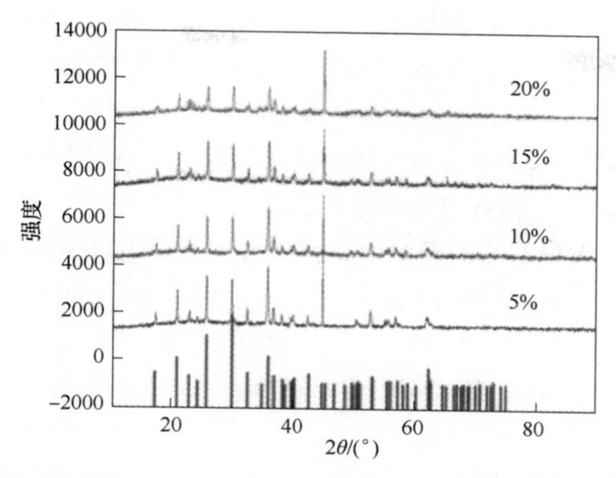

图 5-3　不同质量香蕉皮多孔碳制备的 $LiFePO_4/C$ 复合材料的 XRD 图谱

使用5%香蕉皮多孔碳制备的 $LiFePO_4/C$ 复合材料显示出略微更尖锐的衍射峰，暗示其结晶性较好，晶体结构相对更稳定。同时，5%和10%样品未显示出任何杂峰，这可能意味着其纯度更高，表明其中可能存在无定形碳，有助于提高电导率并改善电化学性能。

然而，15%和20%的样品显示出一些杂峰，这可能源自香蕉皮中蛋白质和其他杂质含量增加，导致 X 射线衍射图谱的差异更为明显。这可能影响了材料的纯度和电化学性能。

第三节　磷酸铁锂材料的电化学性能

一、锂离子电池的组装与测试

（1）正极活性剂片的制备

1）材料处理：按照活性物质（$LiFePO_4$）：PVDF：乙炔黑（C）的质量比为8：1：1（200：25：25，mg），将称取的材料放置于研钵中，在室温下研磨1h左右。

2）凝胶：滴加 *N*-甲基-2-吡咯烷酮（NMP），并持续研磨0.5h以上。

3）涂布：用涂布器将材料均匀涂布在光滑的铝箔表面，形成一层均匀的 $LiFePO_4$ 薄片。

4）涂布具体操作：

① 用酒精擦拭玻璃面板和涂布器，除去其表面的微小杂质和灰尘。

② 将铝箔平放在玻璃板上，注意不要使其起皱。

③ 用酒精在同一方向擦拭铝箔，使其平整，无空鼓或凸起。

④ 按住铝箔的一个角，使用吹风机的冷风吹干铝箔表面以及铝箔与玻璃面板之间的酒精。

⑤ 将材料均匀涂布在铝箔的左侧，注意不要超出涂布器的宽度。

⑥ 使用涂布器从左到右匀速划过铝箔。

⑦ 使用 A4 纸从右下角慢慢掀起铝箔，然后使用标签纸粘住铝箔的四个角，以固定在 A4 纸上，并标注相应的名称。随后，将其放入 80℃的真空干燥箱中干燥 24h。

5）重复步骤 1）~4），继续涂布 10%(质)、15%(质)、20%(质)的 $LiFePO_4$/C 复合材料。

（2）纽扣型电池的组装

1）冲压：使用冲片机将材料冲压成直径为 14mm 的圆形极片和隔膜。

2）称重：称量 10 枚极片的质量(要求大于 90mg)。

3）组装：在正极盖上标记序号，依次放入 $LiFePO_4$电极片和隔膜圆片。

4）组装过程：将极片、正负极盖、垫片、隔膜、锂片、电解液、滤纸、一次性吸管等实验物品从手套箱小过渡仓放入，进行 CR2016 型纽扣型电池的组装。操作如下：

① 将 CR2016 型电池壳底放好，放入正极极片，使活性物质面朝上。

② 滴入 2~3 滴电解液，并将隔膜对准放在壳底平面上。

③ 在隔膜上放置直径为 14mm 的锂片。

④ 在锂片上放置不锈钢压片，压实。

⑤ 盖上不锈钢电池上盖。

⑥ 将组装好的扣式电池翻转，使底壳向上放置在模块中。

⑦ 组装完成后，使用电池压力机压实以确保密封性。

⑧ 将压实后的电池静置 12h 后进行电化学测试(充放电、交流阻抗、循环伏安测试)。

二、实验结果与分析

（一）恒电流充放电测试分析

图 5-4 展示了在不同质量的香蕉皮多孔碳条件下制备的 $LiFePO_4$/C 复合材料在 0.2C 倍率条件下的首次充放电曲线和循环性能曲线。

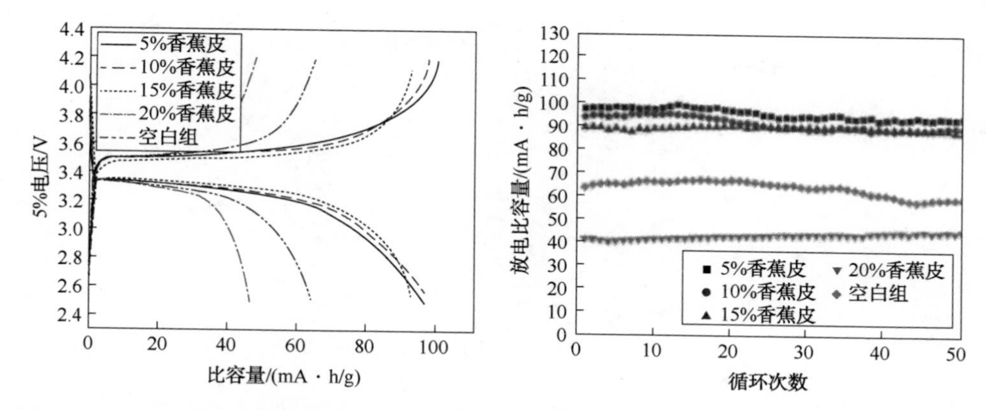

图 5-4 不同质量香蕉皮多孔碳制备的 $LiFePO_4$/C 复合材料的充放电曲线图和循环性能曲线

观察首次充放和放电过程中的电压变化曲线显示，5%含量的变化曲线最为稳定，表明电极片上的电化学反应阻抗最小。同时，5%、10%、15%的材料放电比容量均优于空白组，这表明碳包覆改性对提高电池性能起到了积极作用。

循环曲线图显示，5%、10%、15%、20%材料的循环曲线比空白组曲线更平稳，表明其稳定性更高。

在电流密度为 0. 2C 下，使用 5%香蕉皮多孔碳制备的 $LiFePO_4$/C 正极材料具有最大放电比容量。不同质量香蕉皮多孔碳合成的磷酸铁锂首次放电比容量分别为：106. 9mA · h/g(5%)、94. 5mA · h/g(10%)、91. 2mA · h/g(15%)、44. 0mA · h/g(20%)，而空白组为 64. 7mA · h/g。对比两图发现，空白组的首次充放电曲线变化更大，且充放电比容量明显低于碳包覆的磷酸铁锂材料。这表明经过碳包覆处理后，磷酸铁锂电池的电化学性能得到了改善。同时，5%香蕉皮多孔碳制备的磷酸铁锂正极材料在提升电池性能方面优于其他组。

然而，20%材料的首次放电比容量低于空白组，可能是由于装配过程中混入杂质、电解液混合不均匀，或磷酸铁锂本身导电性较差等。

综上所述，5%香蕉皮多孔碳条件下制备的 $LiFePO_4$/C 复合材料呈现最佳性能。

（二）循环伏安测试分析

图 5-5 展示了在最优条件(5%香蕉皮)下合成的 $LiFePO_4$/C 复合材料的循环伏安曲线，该曲线覆盖了 2. 5~4. 2V 的电压范围和 0. 1~0. 4mV/s 的扫描速率。

该循环伏安曲线呈现氧化峰和还原峰，这两个峰代表 Fe^{3+}/Fe^{2+}之间的氧化还原过程，同时伴随着锂离子在电极中的嵌入和脱嵌过程。

曲线对称度反映了材料结构的稳定性和可逆程度。在图 5-5 中，氧化还原峰

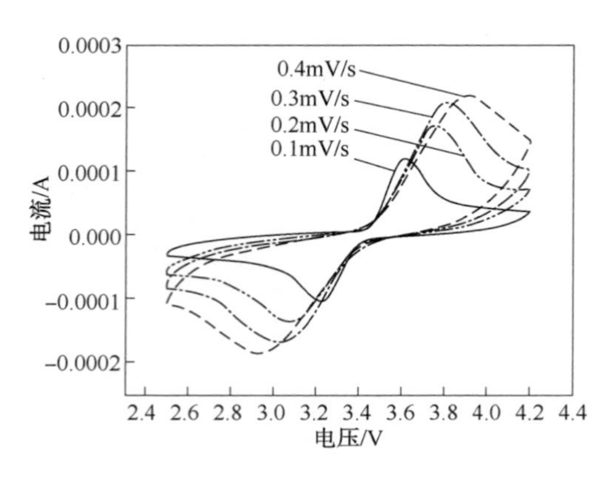

图 5-5 $LiFePO_4/C$ 复合材料在不同扫描速率下的 CV 曲线

相对于横坐标基本对称，这表明所测试电池具有较高的可逆性。

扫描速率的变化导致氧化峰和还原峰位置的变化。随着扫描速率的增加，氧化峰向高电位移动，而还原峰则向低电位移动，造成电极的极化加剧，进而增加电位差(ΔU)。

第四节　结　　论

通过微波水热和高温煅烧相结合的方法，制备了磷酸铁锂正极复合材料。研究不同质量的香蕉皮多孔碳对所制备的材料的表征特性和锂离子电池的电化学性能是否有明显差异。首先，对香蕉皮进行了前处理，包括使用氢氧化锂溶液、酒精、蒸馏水等试剂，并经过搅拌、洗涤和干燥等过程。接着，将香蕉皮多孔碳与硝酸铁溶液、磷酸二氢铵溶液形成的混合溶液进行微波水热反应，随后在高温条件下煅烧制备 $LiFePO_4$前驱体，最终得到 $LiFePO_4/C$ 复合材料。

通过 XRD 和 SEM 测试，发现 5%香蕉皮多孔碳制备的磷酸铁锂正极材料颗粒更为均匀，纯度更高，表明活性炭升温时产生的还原气氛能有效防止亚铁离子的氧化。此外，该材料具有较好的晶体结晶性和结构稳定性。

在首次充放电曲线和循环倍率图的对比中，不同质量的香蕉皮多孔碳制备的磷酸铁锂正极材料的电化学性能与空白组有明显差异。5%的变化曲线最小，表明电极片上的电化学反应阻抗最小，且其放电比容量优于空白组。循环曲线显示，5%~20%的材料比空白组更稳定，其中 5%的稳定性最佳。

研究发现，磷酸铁锂的电化学性能与包覆碳的多少相关。加入锂离子后，石墨化程度、碳形态和分布都会影响材料的性能。5%香蕉皮多孔碳条件下制备的

球形 $LiFePO_4/C$ 复合材料表现出最佳性能。通过调控碳的添加量和包覆程度，可以合成具有优越表征性能的磷酸铁锂正极材料。

本章后记：

本章的研究内容是笔者设计、规划并同所指导的学生一起进行科研实验完成的。实验由学生李乐波等完成。在此，笔者向参与本研究工作并作出贡献的学生表示感谢。

参 考 文 献

[1] Pratheeksha P M, Rajeshwari J S, Daniel P J, et al. Investigation of in-situ carbon coated $LiFePO_4$ as a superior cathode material for lithium ion batteries[J]. Journal of Nanoscience and Nanotechnology, 2019, 19(5): 3002-3011.

[2] 祁佩荣，代斌．香蕉皮基多孔碳泡沫的制备及其电化学性能［J］．石河子大学学报：自然科学版，2019，37(4)：397-404.

[3] 程科．高温固相法制备纳米化 $LiFePO_4/C$ 正极材料及其电化学性能研究［D］．开封：河南大学，2012.

[4] 舒进波．水热法制备磷酸铁锂及掺杂改性研究[D]．天津：天津大学，2016.

[5] 高超．磷酸铁锂正极材料的微波水热/等离子体合成、改性及性能研究［D］．武汉：武汉理工大学，2019.

[6] 李倩倩．磷铁水热原位包覆合成磷酸铁锂的改性及其电化学性能研究[D]．贵阳：贵州大学，2021.

[7] Ajpi C, Leiva N, Vargas M, et al. Synthesis and characterization of $LiFePO_4$-PANI hybrid material as cathode for lithium-ion batteries[J]. Materials, 2020, 13(12): 2834.

[8] Tarascon J M, Armand M. Issues and challenges facing rechargeable lithium batteries[J]. Nature, 2001, 414(6861): 359-367.

[9] Zhang Y, Alarco J A, Khosravi M, et al. Nanoscale differentiation of surfaces and cores for olivine phosphate particles—a key characteristic of practical battery materials[J]. Journal of Physics: Energy, 2021, 3(3): 032004.

[10] Song M K, Park S, Alamgir F M, et al. Nanostructured electrodes for lithium-ion and lithium-air batteries: The latest developments, challenges, and perspectives[J]. Materials Science & Engineering Repartees, 72(11): 203-252.

[11] 侯琴，张竞赛．高温固相法制备磷酸铁锂的原料专利技术分析[J]．山西化工，2019，39(6)：3.

[12] 许寒，郭西凤，桑俊利．锂离子电池正极材料磷酸铁锂研究现状[J]．无机盐工业，2009，41(3)：4.

[13] 徐可，游才印，王钦，等．锂离子电池正极材料 $LiFePO_4/C$ 的制备及电化学性能研究［J］．西安理工大学学报，2016，32(1)：5.

[14] 刘科，钟志成．Fe_2O_3/C 锂离子电池负极材料的制备及电化学性能研究[J]．功能材料，2023，54(10)：10175-10179.

[15] 赵星．锂离子电池正极材料 $LiFePO_4$/C 的制备及其性能研究[D]．兰州：兰州理工大学，2017.

[16] 王崇国，卢栋林，张仲利，等．纳米磷酸铁锂的制备及其性能研究[J]．云南化工，2018，45(9)：28-29，95.

[17] 张鑫意，狄玉丽，董琦，等．锂离子电池正极材料磷酸钒锂制备方法研究进展[J]．无机盐工业，2022，54(3)：38-44，108.

[18] 吴双．$LiFePO_4$ 前驱体制备与 $LiFePO_4$ 的高温合成动力学 [D]．镇江：江苏科技大学，2019.

[19] 冯志昊．低成本磷酸铁前驱体及磷酸铁锂正极材料的制备及性能研究[D]．西安：长安大学，2022.

[20] 赵南南．磷酸铁的合成工艺优化及其性能研究 [D]．天津：河北工业大学，2019.

[21] 封志芳，肖勇，邹利华．磷酸铁锂制备方法研究进展[J]．江西化工，2019(1)：42-46.

[22] 张驰，郑磊，沈维云，等．正极材料磷酸铁锂研究进展[J]．冶金与材料，2023，43(8)：31-33.

[23] 黄远提，卢周广，郭忻，等．双层碳包覆 $LiFePO_4$ 合成和电化学性能研究[J]．电池工业，2012，17(1)：20-22，27.

[24] 许东伟．微纳结构磷酸铁锂正极材料的制备及其电化学性能研究[D]．北京：清华大学，2016.

[25] 常照荣，齐霞，吴锋，等．镍系锂离子电池正极材料的合成工艺及改性研究[J]．材料导报，2006(5)：92-96.

[26] 张新龙．锂离子电池用钛酸锂负极材料及 5V 镍锰酸锂正极材料的合成与改性研究[D]．长沙：中南大学，2014.

[27] 吴译晨．水热合成磷酸铁锂的碳包覆工艺研究 [D]．天津：河北工业大学，2014.

[28] 黄富勤．锂离子电池正极材料磷酸铁锂的溶剂热合成及其改性 [D]．长沙：中南大学，2014.

[29] 郭海洋．锂离子电池正极材料磷酸铁锂的溶剂热合成及改性研究 [D]．上海：上海应用技术大学，2017.

[30] Fey G，Lin Y，Kao H. Characterization and electrochemical properties of high tap-density $LiFePO_4$/C cathode materials by a combination of carbothermal reduction and molten salt methods[J]. Electrochimica Acta，2012，80：41-49.

[31] Rosini P P，Carewska M，Scaccia S，et al. A new synthetic route for preparing $LiFePO_4$ with enhanced electrochemical performance[J]. Cheminform，2010，33(42)：20.

[32] Zaghib K，Julien C M. Structure and electrochemistry of $FePO_4 \cdot 2H_2O$ hydrate[J]. Journal of Power Sources，2005，142(1/2)：279-284.

[33] 葛其胜．磷酸铁锂正极材料的制备、改性及其电化学储锂性能的研究［D］．杭州：中国计量学院，2016.

[34] Hsieh C T，Pai C T，Chen Y F，et al. Preparation of lithium iron phosphate cathode materials with different carbon contents using glucose additive for Li-ion batteries［J］. Journal of the Taiwan Institute of Chemical Engineers，2014，45(4)：1501-1508.

[35] Kim H，Kim H，Kim S W，et al. Nano-graphite platelet loaded with $LiFePO_4$ nanoparticles used as the cathode in a high performance Li-ion battery［J］. Carbon，2012，50(5)：1966-1971.

[36] 蒋志君．锂离子电池正极材料磷酸铁锂：进展与挑战［J］．功能材料，2010，41(3)：365-368.

[37] 黄文浩．锂离子二次电池用正极材料磷酸铁锂的制备及性能研究［D］．广州：华南理工大学，2012.

[38] 孟禄超，陈庆荣，吴春桃，等．锂离子电池 $Li_2FeP_2O_7$ 正极材料的制备及其电化学性能［J］．矿冶工程，2022，42(1)：136-139.

第六章　以油菜花为生物模板制备磷酸铁锂及电化学性能研究

第一节　引　　言

锂电池作为当代能源储存领域的重要组成部分，在不断的发展与创新中寻求更高效、更可持续的材料以提升其性能已成为研究者们的共同追求。在这个过程中，天然生物质作为一种重要的原料，在其独特的结构与成分之下展现出了不可忽视的潜力。

生物质原料，作为制备多孔碳的重要来源，经过高温煅烧处理后可转化为多种形态的碳结构。尽管自然界中生物质的形态及元素组成千差万别，但在惰性气体下高温处理形成的碳材料却呈现出一系列相似之处：高比例的碳元素含量、天然形成的高比表面积孔洞结构以及对自然界各种元素的自行吸附能力。这些独特的性质赋予了生物质材料在锂电池领域中的重要地位，成为负极材料、原位碳包覆的介质以及吸附元素的模板等重要原料。

油菜在我国很多地区都是主要的油料和绿色肥料，其资源丰富且种植面积广阔。利用当地油菜花作为多孔碳前驱体，研究者们通过吸附 Fe^{3+} 以及化学反应的手段，在微波水热条件下充分利用油菜花表面和内部丰富的氮、氧官能团，最终原位合成出具有碳网包覆和镶嵌结构的磷酸铁复合材料。这一研究不仅有效提高了磷酸铁的导电性并对其形貌和结构进行了有效调控，更基于环保理念，充分利用了当地资源，促进了新能源产业的发展，具有重要的社会和经济价值。

因此，本章将深入探讨天然生物质在锂电池材料制备中的潜力与应用，以油菜花为例，介绍其作为多孔碳前驱体在制备高性能磷酸铁锂方面的关键作用，并探讨其在锂电池领域中的前景与挑战。这一研究将为锂电池领域的材料开发与应用提供新的思路与方向，为实现更高效、更可持续的能源存储方案奠定坚实基础。

第二节　磷酸铁锂的制备

一、实验部分

（一）实验仪器及材料

（1）主要仪器

实验使用的主要仪器见表 6-1。

表 6-1　实验所需仪器

仪器名称	型号	生产厂家
电子天平	BSA124S	赛多利斯科学仪器有限公司
循环水式多用真空泵	SHB-3	长沙明杰仪器有限公司
电动离心机	80-2B	江苏金怡仪器科技有限公司
X 射线衍射仪	X′Pert Pro	荷兰帕纳科公司
数显恒温磁力加热搅拌器	HJ-4A	金坛市城东新瑞仪器厂
电化学性能测试系统	BTS-3000m	深圳新威电子有限公司
精密恒温鼓风干燥箱	JDG-9023A	上海市精宏实验设备有限公司
场发射扫描电子显微镜	SU-5000	日立高新技术公司
电热恒温鼓风干燥箱	DHG-9023A	上海市精宏实验设备有限公司
真空管式电阻炉	OTF-1200	合肥科晶材料技术有限公司
微波水热合成仪	XH-800SE	北京祥鹄科技发展电子有限公司
电化学工作站	CHI760E	上海辰华仪器设备有限公司
真空干燥箱	DZF-6050	上海一恒科学仪器有限公司

（2）实验试剂及材料

实验使用的试剂及材料见表 6-2。

表 6-2　实验所需的化学试剂及材料

试剂及材料	化学式	规格	厂家
九水硝酸铁	$Fe(NO_3)_3 \cdot 9H_2O$	AR	西陇化工股份有限公司
磷酸二氢铵	$NH_4H_2PO_4$	AR	西陇化工股份有限公司
氢氧化钠	NaOH	AR	西陇化工股份有限公司
无水乙醇	CH_3CH_2OH	AR	广东光华科技有限公司
氨水	$NH_3 \cdot H_2O$		

续表

试剂及材料	化学式	规格	厂家
聚偏二氟乙烯	PVDF	电池级	西陇化工股份有限公司
乙炔黑	C	电池级	
N-甲基-2-吡咯烷酮	NMP	AR	西陇化工股份有限公司
抗坏血酸	$C_6H_8O_6$	AR	西陇化工股份有限公司
电解液	$LiPF_6$/(EC+DMC+EMC)	电池级	力源锂电科技有限公司
油菜花			
锂片	Li	电池级	武汉齐来格科有限公司
锂离子电池组件(型号 LIR2016)			

（二）磷酸铁锂材料的制备

（1）油菜花预处理

为了有效地利用油菜花作为多孔碳前驱体，并确保其在后续磷酸铁锂合成中保持优异性能，必须进行严格的预处理步骤。以下将详细介绍油菜花的预处理过程。

首先，将采集的油菜花剪去所有枝条，仅保留花与花蕾部分。这一步骤有助于减少杂质的引入，确保实验的准确性。随后，使用蒸馏水彻底冲洗油菜花，以确保其表面不带任何杂质。

接下来，将经过清洁的油菜花置于干净的培养皿中，并用保鲜膜包裹。在保鲜膜上扎几个小孔，以确保气体的通透性。然后，将培养皿放入80℃的恒温鼓风干燥箱中，进行烘干处理，持续12h。这一步骤的目的是彻底去除油菜花中的水分，为后续处理步骤做好准备。

接下来，取0.8g氢氧化钠，并将其放入一个容量为300mL的烧杯中。用蒸馏水配制成200mL的氢氧化钠溶液。将经过烘干的油菜花浸泡在氢氧化钠溶液中，然后加入磁力搅拌器中，搅拌1h。此搅拌步骤旨在有效地激活油菜花中的官能团，并为后续反应提供均匀的反应条件。

随后，将混合液进行抽滤，并使用蒸馏水和无水乙醇分别冲洗三次，以确保所有的残留物质都被洗净。最后，将抽滤后的油菜花置于干净的培养皿中，再次放入80℃的恒温鼓风干燥箱中，进行24h的干燥。这一步骤旨在彻底去除残留的水分，使油菜花成为理想的多孔碳前驱体，为后续的合成过程提供最佳条件。

以上所述的油菜花预处理步骤的严格执行是确保后续磷酸铁锂合成实验成功的关键。这些步骤的细致处理将有助于最大限度地提高材料的纯度和性能，从而为锂电池材料的研发奠定坚实的基础。

（2）磷酸铁锂材料制备

在研究磷酸铁锂合成过程中，严格而精确的实验操作对于最终产物的性能与结构至关重要。本实验涉及多个步骤，包括不同条件下油菜花预处理后与硝酸铁的反应、磷酸二氢铵的加入、pH 值调节以及高温处理等。这些步骤的细致执行将直接影响最终磷酸铁锂复合材料的性能。

首先，根据配比关系，分别配制 0.05mol/L 的硝酸铁和 0.075mol/L 的磷酸二氢铵溶液，使 Fe：P 的摩尔比为 1：1.5。在该比例下，称取 2.02g 九水硝酸铁和 0.8625g 磷酸二氢铵，并分别配制成 100mL 的溶液。随后，将 2.0g 经过预处理的油菜花浸泡于硝酸铁溶液中，依次进行了不同时间长度的搅拌处理，以探索反应时间对产物的影响。

随后，在混合液中缓慢滴入预先配制好的 100mL 磷酸二氢铵溶液，完成混合后立即测量混合液的 pH 值。随着磷酸二氢铵的加入，pH 值的变化对反应的进行起着关键作用。通过使用浓度为 1mol/L 的氨水调节 pH 值至 2.05，继续搅拌 1h 以确保反应的完整进行。

完成前述步骤后，将混合液均匀地放入以聚二氟乙烯为内衬的反应釜中，置于微波水热仪内进行温度升降过程。在不同温度下的保温时间将影响产物的结晶度和结构特征。随后，利用去离子水和无水乙醇进行多次清洗，将湿滤饼在 80℃的恒温鼓风干燥箱中干燥 24h。

最终，为了进一步提高产物的结晶度和纯度，将材料置入充满氩气的管式炉中，进行高温煅烧处理。在 600℃下进行 10h 的煅烧处理，以形成最终的磷酸铁锂复合材料。

（三）材料的表征

（1）扫描电子显微镜分析

扫描电子显微镜作为一种微观表征工具，位于投射电子显微镜与光学显微镜之间，其分辨率和成像能力对于微观结构的观察具有重要意义。SEM 的操作原理在于利用高能电子束对样品进行扫描，通过电子束与样品之间的相互作用，激发并获取关于样品表面及组成的物理信息。这些信息经过收集、放大和再成像的过程，以便对物质的微观形貌特征进行详尽表征。

在本研究中，采用的扫描电子显微镜是由日本日立高新技术公司生产的热场发射扫描电镜 SU-5000。这款仪器在其设计上具有出色的性能，能够提供对样品高分辨率的成像，以呈现更为精细的微观结构特征。

（2）能谱仪分析

能谱仪分析作为扫描电子显微镜的配套工具，允许对电镜图像中观察到的材料表面进行元素种类与含量的详细分析。

EDS 系统结合了 X 射线能谱分析技术，能够实时检测和记录样品表面所发出的特征 X 射线的能谱信息。这些 X 射线能谱包含了材料表面所存在的各种元素特征，根据每个元素独有的能谱特征，EDS 系统可以快速而准确地确定样品中元素的类型和含量。

通过 EDS 分析，研究者能够获取到样品表面元素的详细分布和含量信息，从而揭示样品的化学组成和元素分布的特征。这种分析方法为研究锂电池材料中各种元素的存在和比例提供了重要数据，有助于深入了解材料的成分构成和微观特征。

（3）电导率测试

为了评估材料的电导率特性，本研究采用四探针仪进行电导率测试。该测试旨在了解材料在特定条件下的电导率表现，为材料的电学性能提供定量分析。

实验操作包括将固体粉末与黏结剂 PVDF 混合，使其形成具有适当流动性的浆料，随后滴入 NMP 中，以便在玻璃板上进行均匀涂布。在涂布后，样品在红外灯下研磨处理 10min，旨在确保材料的均匀性和一致性。随后，样品在常温下进行 12h 的烘干处理，以保证材料充分固化。

通过对电导率的测试分析，研究人员可以深入了解材料的电子传输机制，并对其电学性能进行定量评估。这一分析有助于评估材料在锂电池中的潜在应用，并为材料的改进与优化提供重要的指导。

二、实验结果与分析

（一）材料 SEM 测试分析结果

（1）不同浸泡时间下合成的磷酸铁 SEM 分析

图 6-1 为不同浸泡时间下合成的磷酸铁 SEM 图，观察可以得知，合成的磷酸铁颗粒主要为球形颗粒，其直径大致在 1~3μm 之间。此外，颗粒表面存在着一些网状结构的物质。经过能谱分析，发现这些网状结构的主要成分为碳。然而，在图 6-1(c)、(d)中，碳网状结构并不如预期明显，并且其吸附能力较差。据此推断，长时间的浸泡可能破坏了油菜花的结构，不利于碳网吸附磷酸铁微粒。

图 6-1(a)、(b)显示，浸泡 2h 的油菜花合成的磷酸铁，其碳网结构上形成了一些较小的磷酸铁颗粒，但附着较少。不过，这些图中显示的网内的磷酸铁颗粒有助于有效抑制颗粒生长。在浸泡 3h 的情况下，碳网结构上的磷酸铁颗粒更多，其中许多磷酸铁颗粒部分镶嵌在碳网结构中，还有一些更小的磷酸铁颗粒位于碳网内部。这表明，油菜花的碳网结构能有效抑制磷酸铁颗粒的生长，该网状结构有助于制备纳米级的磷酸铁颗粒。值得注意的是，在浸泡 3h 的情况下，合

成的磷酸铁颗粒更小且表现更佳。然而，长时间的浸泡和搅拌(5h、6h)会破坏油菜花的碳网结构，导致无法形成有效的碳包裹磷酸铁。

图 6-1(e)为图 6-1(b)的局部放大图，展示了单颗磷酸铁微粒的形貌。从图 6-1中可观察到磷酸铁颗粒呈均匀的球形，直径约为 2μm。球面上存在着许多微小的颗粒，显示这些颗粒是由更小的纳米级颗粒聚集形成的。

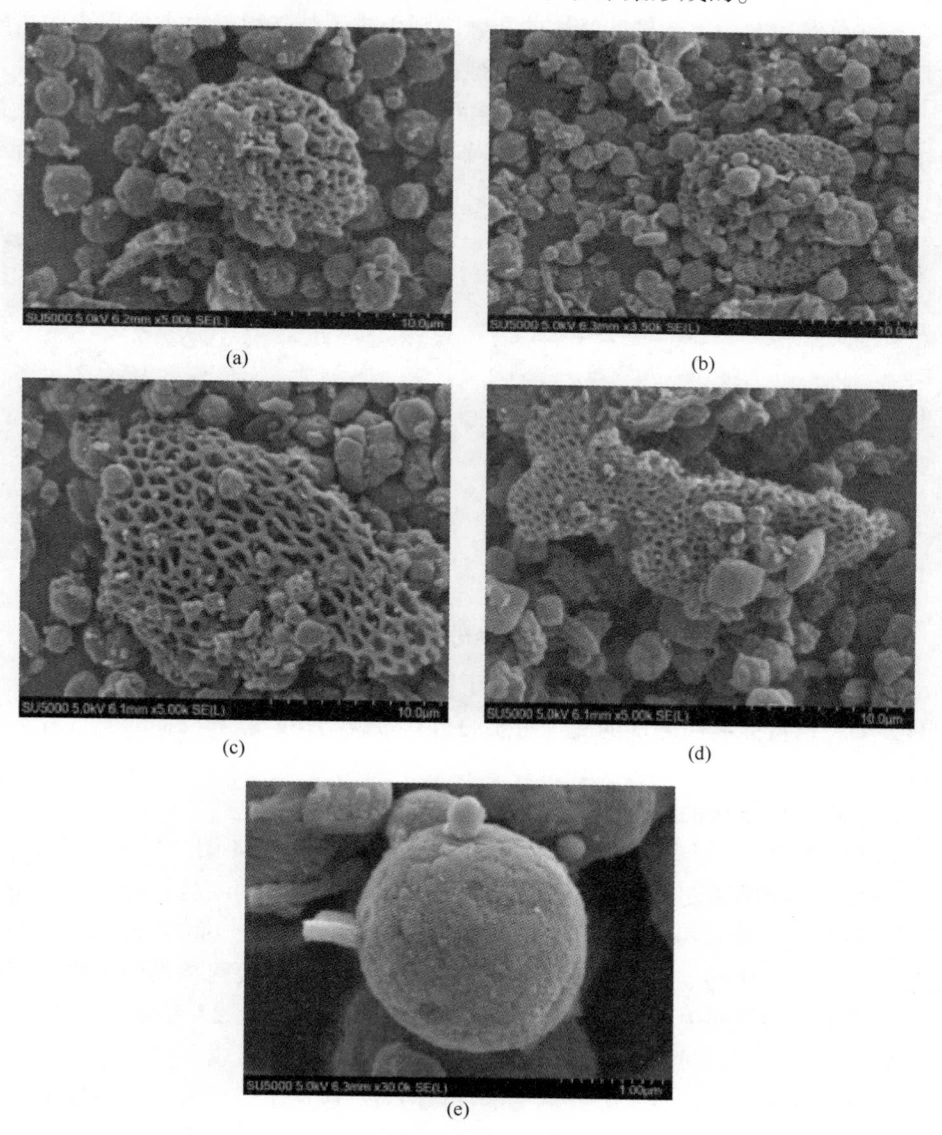

图 6-1　不同浸泡时间下合成的磷酸铁 SEM 图

（2）不同形貌油菜花合成的磷酸铁 SEM 分析

图 6-2 为不同形貌油菜花合成的磷酸铁 SEM 图，从图 6-2(a) 中可以观察到，利用微波水热法合成的磷酸铁微粒大多呈现球形，在直径范围为 1~3μm 之间。这些颗粒呈现出较为均匀、圆整和光滑的特征，并展现良好的结晶度。图 6-2 中所呈现的网状结构归属于油菜花生成的碳层，在这一结构上存在许多磷酸铁颗粒部分镶嵌其中，而碳网结构的孔隙内则生成了与其相近大小的更小的磷酸铁颗粒。这一现象表明碳网结构能有效地抑制磷酸铁颗粒的生长。

在图 6-2(b) 中，展示了磨成粉末状的油菜花浸泡合成磷酸铁的扫描电子显微镜图像。观察图像可知，花瓣状的油菜花直接浸泡和磨成粉末状后浸泡所合成的具有碳网包裹的磷酸铁并无太大差异。

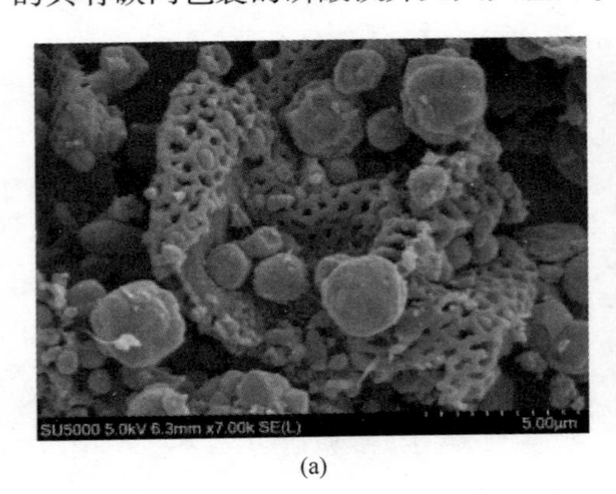

(a)

(b)

图 6-2　不同形貌油菜花合成的磷酸铁 SEM 图

这些观察结果表明，不同处理方式下制备的磷酸铁颗粒在形貌和结构上并无明显差异。这可能表明磁性的变化主要源自其微观结构的差异，而非其外在形态的改变。

（3）不同质量比油菜花合成的磷酸铁 SEM 分析

图 6-3 为加入不同质量的油菜花制备的磷酸铁的 SEM 图，研究结果显示，添加 10%(质) 油菜花，高温煅烧后形成了较小的多层碳网结构[见图 6-3(a)、(b)]。这些结构分散分布在磷酸铁的周围，呈现为游离态。而在 20%(质) 的添加量下[见图 6-3(c)、(d)]，经煅烧形成了更大的多层碳网结构，大量球形磷酸铁颗粒镶嵌在碳网中，且这些颗粒的粒径相对均匀，约为 2~3μm。

图 6-3(e)、(f) 显示，在 30%(质) 添加量时，煅烧形成了更为完整的多层碳网结构。在这些结构中，部分磷酸铁颗粒附着在碳网上，而另一部分镶嵌其中或进入碳网内部。磷酸铁颗粒的尺寸约为 1~2μm，但镶嵌率不高，其中部分颗粒的尺寸与碳网孔隙大小相近，可能是吸附后脱离出来的结果。

这些观察结果表明，在不同添加量下，油菜花的存在对形成的磷酸铁微粒的结构和分布有着显著影响。而随着油菜花添加量的增加，形成的多层碳网结构的特征和磷酸铁微粒的镶嵌情况也呈现出不同的趋势。

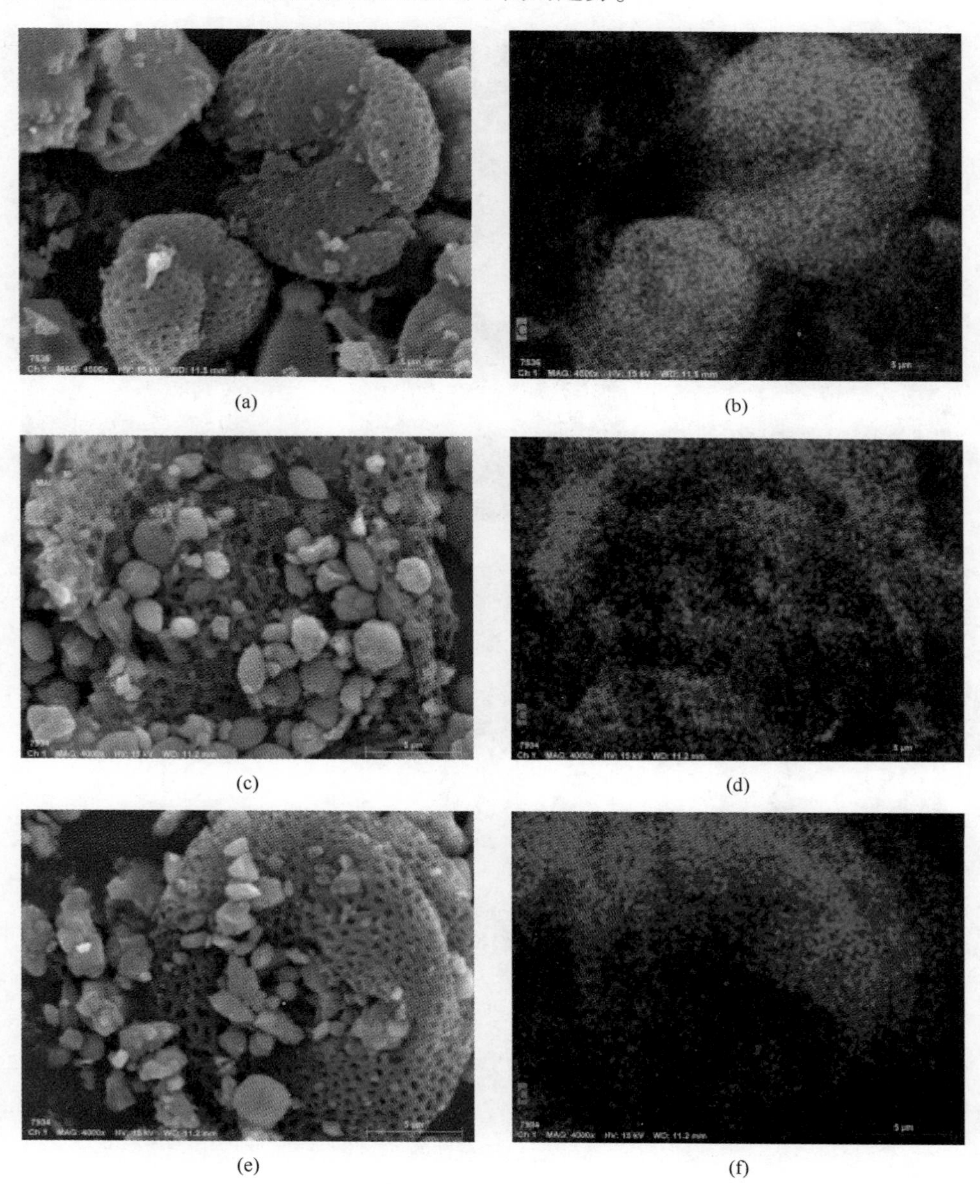

图 6-3　加入不同质量的油菜花制备的 $FePO_4$ SEM 图

[（a）、（b）：10%；（c）、（d）：20%；（e）、（f）：30%]

（二）材料能谱分析（EDS）结果

图 6-4 显示了最佳浸泡时间为 3h 合成磷酸铁的能谱分析图及其数据分析。从图 6-4 中可观察到，已成功合成出含有一定碳含量的磷酸铁材料。能谱分析显示，磷酸铁的碳吸附状况十分理想，有大量的磷酸铁微粒被碳网包裹。

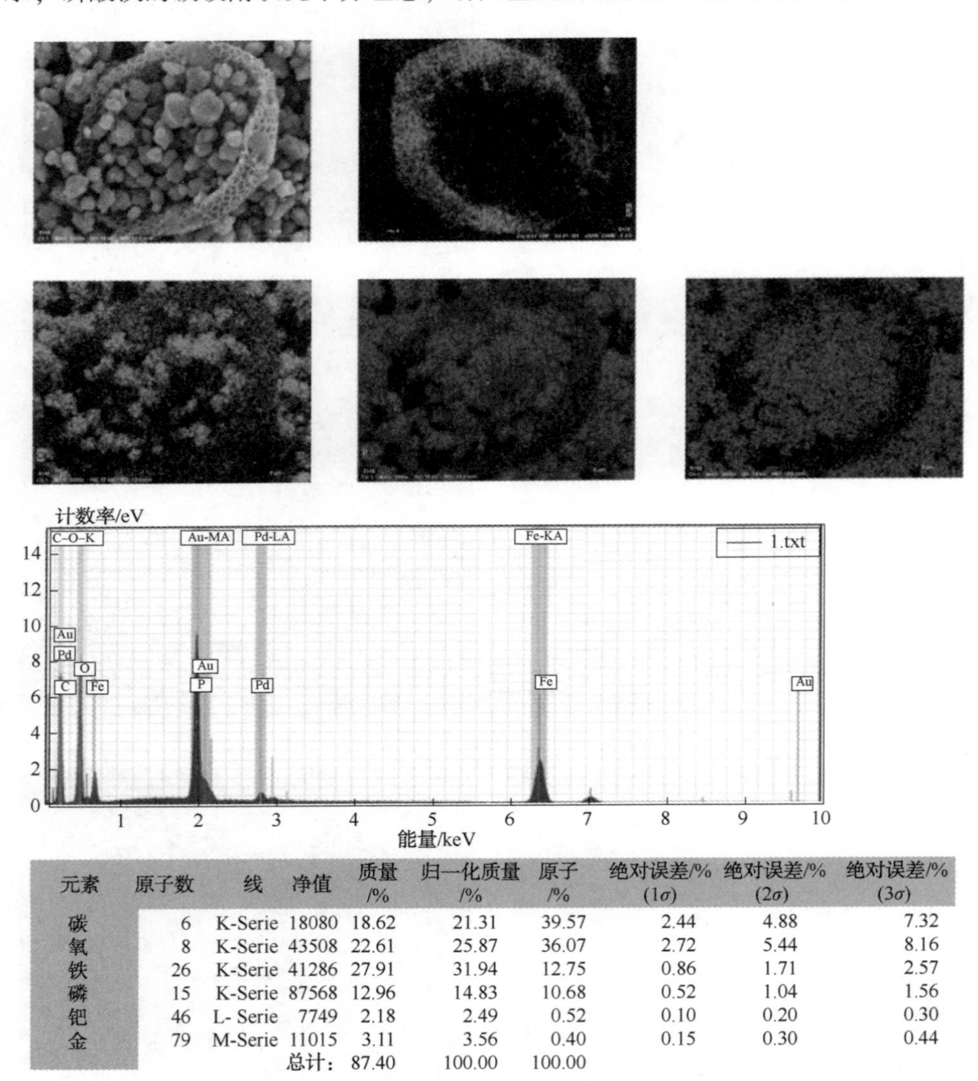

元素	原子数	线	净值	质量/%	归一化质量/%	原子/%	绝对误差/%（1σ）	绝对误差/%（2σ）	绝对误差/%（3σ）
碳	6	K-Serie	18080	18.62	21.31	39.57	2.44	4.88	7.32
氧	8	K-Serie	43508	22.61	25.87	36.07	2.72	5.44	8.16
铁	26	K-Serie	41286	27.91	31.94	12.75	0.86	1.71	2.57
磷	15	K-Serie	87568	12.96	14.83	10.68	0.52	1.04	1.56
钯	46	L- Serie	7749	2.18	2.49	0.52	0.10	0.20	0.30
金	79	M-Serie	11015	3.11	3.56	0.40	0.15	0.30	0.44
			总计：	87.40	100.00	100.00			

图 6-4　浸泡时间 3h 下合成磷酸铁的 EDS 图及其数据分析

这些数据结果表明，在 3h 的浸泡时间下，磷酸铁颗粒成功地与碳网结构形成了较为紧密的结合，显示出良好的碳包覆效果。这种结构特征对于磷酸铁颗粒的稳定性和电化学性能提供了潜在优势，为其在锂电池等领域的应用提供了坚实的基础。

（三）材料的电导率分析结果

表 6-3 为加入不同质量油菜花制备的磷酸铁的电导率数据。

表 6-3　加入不同质量油菜花制备的磷酸铁的电导率

加入的油菜花质量/%(质)	电导率/(S/m)
0	2.54×10^{-5}
10	5.17×10^{-3}
20	6.26×10^{-3}
30	8.24×10^{-3}

根据实验结果，在不同油菜花添加量下[10%(质)、20%(质)和 30%(质)]，研究显示相应合成的磷酸铁的电导率分别为 5.17×10^{-3}S/m、6.26×10^{-3}S/m 和 8.24×10^{-3}S/m(见表 6-3)。相比之下，未添加油菜花时，空白微波水热合成磷酸铁的电导率为 2.54×10^{-5}S/m。这表明油菜花作为生物模板，成功改善了磷酸铁的电导率。其独特的结构不仅有效地调控了磷酸铁的形貌和尺寸，还显著提高了其电导率。

经高温煅烧后形成的油菜花碳网结构在电导性能方面具有关键作用。这种结构一方面有助于均匀分散磷酸铁颗粒，提高其振实密度；另一方面，作为优良的导体，碳网结构为锂离子扩散提供了通道，而高温煅烧后形成的无定形碳促进了磷酸铁颗粒与碳网的电子传导。这些特性共同促进了磷酸铁在锂电池中的电化学性能提升。

第三节　磷酸铁锂材料的电化学性能

一、锂离子电池的组装与测试

（一）正极活性极片的制备及组装

（1）正极活性极片的制备

1）为了制备正极活性极片，按照 8：1：1 的质量比混合 0.2g 磷酸铁锂、0.0125g 乙炔黑(C)，以及 0.0125g PVDF。这些材料经 20min 研磨，确保混合均匀。

2）混合物置于搅拌瓶中，逐渐加入 *N*-甲基-2-吡咯烷酮，搅拌至流动状态。

持续搅拌 12h 确保充分混合。

3）利用滴管均匀涂布浆料在铝箔上，通过 75μm 的铁块涂布器均匀涂抹，形成一致的涂层。

4）烘干 24h 后，在烘箱中取出涂层，使用冲片机裁切成直径为 12mm 的圆形材料极片。每个极片的活性物质质量约为 8~16mg。

（2）电池的组装流程

1）给正极壳编号后，将裁切好的正极极片小心放入正极壳。再次利用冲片机裁出直径为 19mm 的隔膜，将其置于正极极片上方，准备好用于后续电池盒的组装工作。

2）在组装前，将锂离子电池组件（型号 LIR2016）的正极外壳、负极外壳、垫片、塑料滴管、塑料镊子和经 48h 100℃烘干的滤纸置于手套箱中。手套箱内相对湿度和氧气浓度要低于 1%，内部充满高纯度氩气。

3）电池负极采用锂片，电解液为 1mol/L 的 $LiPF_6$（体积比为 EC：DMC：EMC＝1：1：1）。组装时，对锂片与垫片进行精确对齐，并用镊子冲压以保持紧密结合。

4）确保正极极片位于正极壳中央，通过塑料滴管将电解液滴入隔膜边缘，确保无气泡。

5）将锂片与垫片组合置于正极壳，确保锂片充分覆盖正极极片，封闭负极外壳。

6）使用塑料镊子将组装好的电池放入液压封口机中封口，放入电池盒中。

7）电池静置 36h 后，进行充电、放电和 CV 阻抗测试。

（二）电化学性能测试

（1）倍率性能测试

在本研究中，采用了新威 CT-4008T 型电池测试仪进行倍率测试，这是一项旨在评估电池在不同电流密度下的性能的测试。我们分别选取了 0.2C、0.5C、1C、2C、5C 以及 10C 的电流密度进行测试，并特别在进行了 10C 电流密度下的充放电循环测试后，再进行了 0.2C 测试，以观察电池正极材料的稳定性。

（2）循环性能测试

采用新威 CT-4008T 型电池测试仪进行电池循环测试，这一测试旨在评估电池在相同倍率下的多次充放电循环表现。选择了 0.2C 的电流密度，进行了 100 次的充放电循环测试。

（3）CV 和交流阻抗测试

在 CV（伏安循环法）和交流阻抗测试方面，采用了辰华 CHI660E 型仪器进行测试。CV 测试中，设置了上限电位为 4.2V，下限电位为 2.5V，扫描速率分别为 0.1mV/s、0.2mV/s、0.3mV/s 和 0.4mV/s。而在交流阻抗测试中，上限频率设定为 100000Hz，下限频率设定为 0.01Hz。

（4）电导率测试

为了评估电池材料的电导率，使用了四探针仪进行测试：首先，将固体粉末与黏结剂 PVDF 混合，并逐渐滴入 NMP，直至混合物能够以流体的形式滴下。接下来，在红外灯下进行 10min 的研磨处理，随后将混合物涂布在玻璃板上，在烘干 12h 后进行测试。

二、实验结果与分析

（一）恒电流充放电测试分析

图 6-5 展示了使用不同质量油菜花合成的磷酸铁作为电极材料的首次充放电曲线。通过图 6-5，我们可以观察到，不同添加量的油菜花在合成磷酸铁锂电极中的电极变化曲线均维持在约 3.4V，并且表现出较小的极化程度。然而，从图 6-5 中也可以观察到，与空白对照组相比，充电比容量大于放电比容量，这表明电池的充放电效率存在改进的空间。

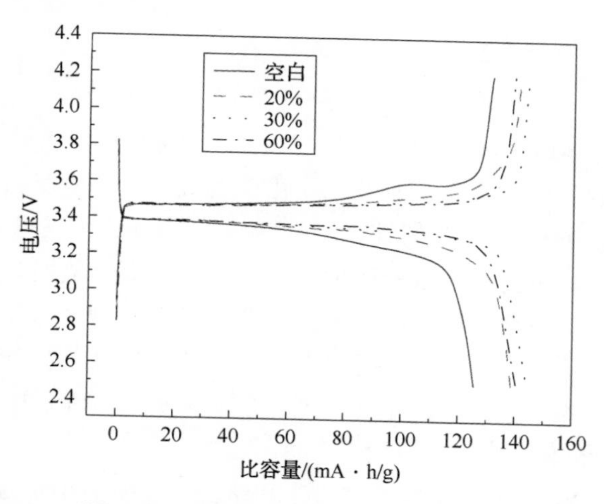

图 6-5　不同油菜花加入量下制备的电极材料的首次充放电图

这些首次充放电电压变化的曲线提供了有关材料电化学性能的重要信息，特别是在锂离子电池中。电压变化曲线的一致性表明合成的磷酸铁锂电极材料具有良好的电化学稳定性。然而，充电比容量大于放电比容量的现象可能暗示着一些电池性能上的问题，例如充放电效率可能受到一定程度的损耗。因此，进一步的研究和优化可能需要考虑，以提高电池性能和循环寿命。

（二）循环性能测试分析

为了研究不同油菜花质量对合成磷酸铁锂材料充放电性能的影响，我们采用了 0.2C 倍率下的循环曲线进行测试（见图 6-6）。首次放电比容量依次为 125.5mA·h/g、138.7mA·h/g、144.3mA·h/g 和 140.5mA·h/g，而经过 40 个循环后，电池的比容分别保持在 125.5mA·h/g、139.8mA·h/g、146.8mA·h/g 和 139.4mA·h/g，其容量保持率高达 98%。这表明，在低倍率下，电池具有优异的循环稳定性。

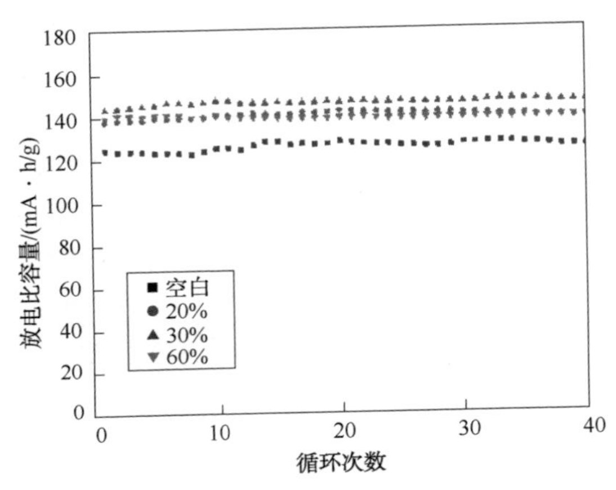

图 6-6　不同油菜花添加量下的循环曲线图

曲线显示出在 30%（质）油菜花添加量时，电池的比容量较高，而当添加量达到 60%时，比容量则下降。油菜花主要由碳构成，含有少量其他元素。高量添加油菜花会降低磷酸铁锂材料的纯度，导致容量降低，无法达到理想效果。在 20%（质）油菜花添加量时，形成的碳网结构较少。然而，碳网结构可有效抑制磷酸铁锂颗粒的生长。在磷酸铁锂电池中，小颗粒意味着更高的振实密度和更高的电池容量。在 30%添加量下，更多地抑制了磷酸铁锂颗粒的生长，并且碳网结构的包覆提升了材料的导电性和传导性，因此显示出更高的充放电比容量。

（三）电池的倍率性能测试分析

图 6-7 展示了在油菜花最佳添加量［30%（质）］和不添加油菜花的情况下，不同倍率下的循环性能曲线。从图中可以观察到，随着倍率的增加，电池的放电比容量逐渐减小。然而，在回到 0.2C 倍率下时，电池的比容量平台恢复到了与首次 0.2C 测试相同的高水平。这表明电池具有出色的循环稳定性。在 10C 倍率下，电池的比容量仍然达到 72mA·h/g，相当于 0.2C 倍率下比容量的 60%。高倍率下电池容量的损失较小，连续进行 10 次 10C 倍率循环后，材料的比容量仍保持在首次循环的 97.29%。这说明在高倍率下，电池材料具有卓越的稳定性。

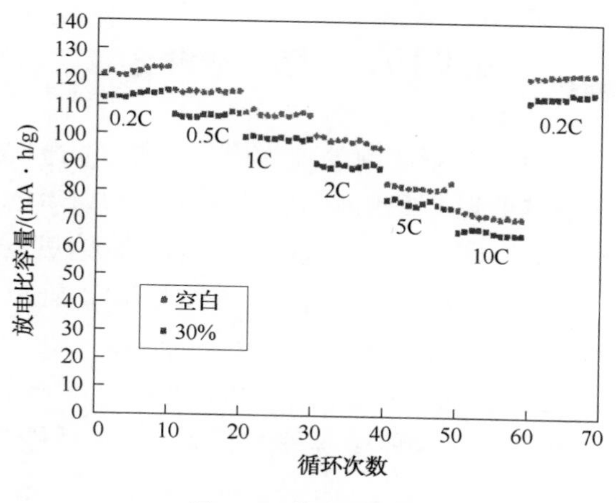

图 6-7　倍率循环图

与不添加油菜花的情况相比，加入油菜花后，在不同倍率下充放电比容量都有所提高。这是因为油菜花在碳化后形成碳网结构，有效抑制了磷酸铁锂颗粒的生长，从而获得更小的颗粒尺寸。此外，原位碳包覆也增强了材料的导电性，从而提高了电池的容量。

(四) 电流的交流阻抗谱测试分析

图 6-8 展示了添加 30%(质)油菜花至磷酸铁所产生的阻抗特征。

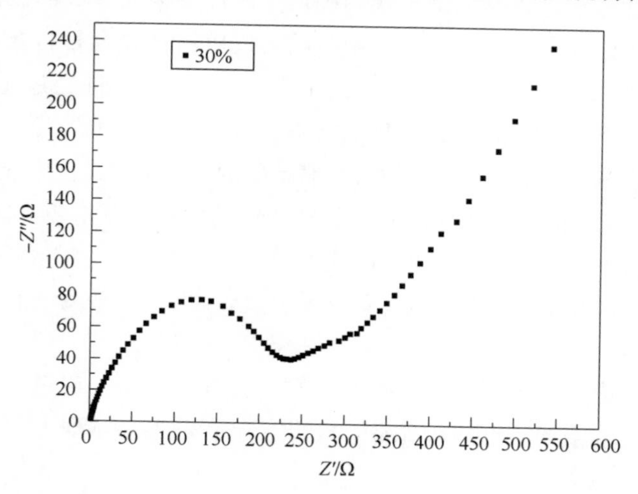

图 6-8　加入 30%(质)的油菜花的交流阻抗曲线图

在交流阻抗图中，高频区对应的是由电子在溶液与电极片之间传递产生的电阻，大约为 230Ω。低频区则对应于锂离子(Li^+)的扩散产生的阻抗。溶液阻抗的高频区至 Z''轴的距离约为 2Ω。

第四节 结　　论

在本章研究中，通过将油菜花预处理为原位碳源，我们成功合成了磷酸铁锂。实验考察了油菜花的形貌、浸泡时间以及质量对合成磷酸铁锂的影响。实验结果表明，在适当的浸泡时间下，油菜花能有效抑制磷酸铁颗粒的生长，促进碳网结构的形成，从而提高材料的电化学性能。通过 SEM、EDS、四探针分析和电化学测试等手段，我们得出了最佳合成条件。

观察实验结果，我们发现，最佳浸泡时间为 3h，并且在加入油菜花 30%(质)时可以获得最佳性能。在这种浸泡条件下制备的磷酸铁锂表现出优异的电化学性能，比容量达到 145mA · h/g。此外，即使在高倍率充放电容量下，这种材料也能保持出色的比容量。然而，过量的油菜花添加则会导致电化学性能下降，因此，适量的油菜花对于实现最佳性能至关重要。

通过 SEM 和 EDS 分析，我们发现油菜花添加可形成碳网结构，优化磷酸铁颗粒的形貌。特别是 20%(质)的油菜花添加对于产生最佳磷酸铁形貌和碳网结构效果最佳。这种半包覆和镶嵌的形貌促进了磷酸铁的电子和离子传输，保证了电池的循环稳定性。

通过四探针法和电化学测试，我们确认了添加油菜花形成的碳网结构，显著提升了磷酸铁的电导率。最佳条件下制备的 $LiFePO_4/C$ 复合材料在电化学性能上达到了最佳水平。首次放电比容量达到 160.6mA · h/g，且经过 100 次循环后，依旧保持了 99.3%的放电比容量，同时具有较高的库仑效率。

总之，油菜花的使用作为生物模板在制备碳网络包裹磷酸铁中显示出良好的效果。适量添加油菜花能够有效地抑制磷酸铁颗粒的生长，获得较高的电化学性能。然而，过量添加会产生负面影响，故最佳添加量的选择十分关键。该章节的研究为利用生物模板法制备高性能锂电池材料提供了重要的实验依据和理论支持。

本章后记：

本章的研究内容是笔者设计、规划并同所指导的学生一起进行科研实验完成的。实验由学生苏奎旭、邢旭等完成。在此，笔者向参与本研究工作并作出贡献的所有学生表示感谢。

参　考　文　献

[1] 李渊，李绍敏，陈亮，等．锂电池正极材料磷酸铁锂的研究现状与展望[J]．电源技术，2010，34(9)：963-966.

[2] 王爱国，陈政华．国内锂离子电池正负极材料现状与展望[J]．化工生产与技术，2023，29(1)：10-12.

[3] 万传云．锂离子电池正负极材料市场发展趋势[J]．电池工业，2005(6)：369-371.

[4] 王琦．高倍率性能磷酸铁锂正极材料的制备及改性研究[D]．长沙：湖南大学，2019.

[5] Prosini P P，Zane D，Pasquali M. Improved electrochemical performance of a $LiFePO_4$-based composite cathode[J]. Electrochimica Acta，2001(23)：46.

[6] 张怀青．锂离子电池正极材料磷酸铁锂的电化学性能研究[D]．南京：南京理工大学，2017.

[7] 俞琛捷，莫祥银，康彩荣，等．锂离子电池磷酸铁锂正极材料的制备及改性研究进展[J]．材料科学与工程学报，2011，29(3)：468-470.

[8] 刘冬生，陈宝林．磷酸铁锂电池特性的研究[J]．河南科技学院学报：自然科学版，2012，40(1)：65-68.

[9] 侯琴，张竞赛．高温固相法制备磷酸铁锂的原料专利技术分析[J]．山西化工，2019，39(6)：47-49.

[10] 贡纬华，王华丹，苏毅，等．锂离子电池磷酸铁锂正极材料研究进展[J]．化工新型材料，2020，48(7)：30-33，37.

[11] 周文彩，李金洪，姜晓谦．磷酸铁锂制备工艺及研究进展[J]．硅酸盐通报，2010，29(1)：133-137，146.

[12] 王甲泰，赵段，马莲花，等．锂离子电池正极材料磷酸铁锂的研究进展[J]．无机盐工业，2020，52(4)：18-22.

[13] 崔云龙．锂离子电池正极材料磷酸铁锂的水热法制备及其性能研究[D]．大连：大连海事大学，2016.

[14] Doeff，Marca M，Hu，et al. Effect of surface carbon structure on the electrochemical performance of $LiFePO_4$[J]. Office of Scientific & Technical Information Technical Reports，2003，3(3)：311-313.

[15] Pei B，Yao H，Zhang W，et al. Hydrothermal synthesis of morphology-controlled $LiFePO_4$ cathode material for lithium-ion batteries[J]. Journal of Power Sources，2012，220(DEC. 15)：317-323.

[16] Zaghib K，Julien C M. Structure and electrochemistry of $FePO_4 \cdot 2H_2O$ hydrate[J]. Journal of Power Sources，2005，142(1/2)：279-284.

[17] 柯翔．锂离子电池正极材料前驱体磷酸铁的制备与改性研究[D]．贵阳：贵州大学，2019.

[18] 高超．磷酸铁锂正极材料的微波水热/等离子体合成、改性及性能研究[D]．武汉：武汉理工大学，2019.

[19] 秦国辉．磷酸铁锂正极材料的制备及其在锂离子电池中的应用[D]．天津：天津大学，2019.

[20] 马志鸣．前驱体形貌特征对锂离子电池正极材料磷酸铁锂电性能影响研究[D]．贵阳：贵州大学，2019.

[21] Huang W J，Zheng J Y，Liu J J，et al. Boosting rate performance of $LiNi_{0.8}Co_{0.15}Al_{0.05}O_2$ cathode by simply mixing lithium iron phosphate[J]. Journal of Alloys and Compounds，2020，827：154296.

[22] 贾旭平．锂离子电池材料发展展望[J]．电源技术，2014，38(5)：803-804.

[23] 杨莹．锡基纳米复合电极材料的设计及性能研究[D]．大连：大连理工大学，2019.

[24] 何林兵．复合正极材料及其在锂离子电池中的应用 [D]．杭州：浙江大学，2018.

[25] 杨光．铁酸镍负极材料的改性及其电化学性能研究[D]．成都：电子科技大学，2016.

[26] 杜江，张正富，彭金辉，等．动力锂离子电池正极材料磷酸铁锂的研究进展[J]．新能源进展，2013，1(3)：263-268.

[27] 赵辉，曹红霞，刘进．锂离子电池正极材料 $Li_{1+x}V_3O_8$研究进展[J]．山东化工，2023，52(18)：97-100.

[28] 张沿江．锂离子电池正极材料磷酸铁锂的水热合成及改性研究[D]．长沙：湖南大学，2013.

[29] 王卓，张旭东，何文，等．磷酸铁锂改性的研究进展[J]．山东陶瓷，2014，37(6)：6-14.

[30] 刘日鑫，张振杰，李浩宇，等．高比能锂离子电池富锂正极材料研究进展[J]．硅酸盐学报，2022，50(1)：70-83.

[31] 栗志展，秦金磊，梁嘉宁，等．高镍三元层状锂离子电池正极材料：研究进展、挑战及改善策略[J]．储能科学与技术，2022，11(9)：2900-2920.

[32] 肖顺华，邢旭，陈绍军．一种碳网络包覆和镶嵌结构的高导电性磷酸铁的制备方法：CN113336210A [P]. 2021-05-07.

第七章　以柚子皮为生物模板制备磷酸铁锂及电化学性能研究

第一节　引　言

在当今时代，随着电动车和可再生能源的兴起，高性能的锂离子电池材料的需求变得日益迫切。然而，随着时间的推移，传统的锂离子电池正极材料，如钴酸锂，面临着资源稀缺和环境安全性等问题。钴的高价格和有限供应使电池制造成本居高不下，同时，它的开采和处理对环境构成了威胁。此外，传统的钴酸锂电池也存在着安全性能较差的问题，包括充电时可能引发的火灾和爆炸风险。

因此，人们开始寻求替代材料，以满足电池技术的需求，磷酸铁锂作为一种锂离子电池正极材料崭露头角。磷酸铁锂以其出色的性能特点吸引了广泛的关注。它不仅具有较高的放电比容量，而且具备相对较低的制备成本。此外，磷酸铁锂不含对人体有害的重金属，也不会对环境造成污染，符合可持续发展的要求。最重要的是，磷酸铁锂电池具有出色的安全性能和长寿命。在1C的充放电倍率下，磷酸铁锂电池的循环寿命可达2000次左右，是一种优越的锂离子电池材料。

此外，随着电动汽车的普及，对于高电压电池的需求不断增加。磷酸铁锂具有适应大容量串联电池的潜力，能够在高电压下保持其性能稳定，满足电动车的需求。

尤其引人注目的是，利用生物质资源如柚子皮为碳源，结合低成本的硝酸铁和磷酸等廉价原料，以及山梨酸等络合剂，我们可以制备出多孔碳结构的片状磷酸铁锂材料。这种生物质膜板制备方法不仅具有成本低廉的特点，还有望在电池材料制备中开辟新的绿色途径。柚子皮的高效利用可以减轻生活垃圾的处理压力，并为电池材料制备提供一种可持续的资源。

本章将重点介绍以柚子皮为生物模板制备磷酸铁锂的工艺过程以及材料的电化学性能研究。这一研究对于推动可持续能源存储技术的发展，减少环境污染，以及克服传统电池材料中的资源瓶颈问题，具有重要的理论和实际意义。

第二节　磷酸铁锂的制备

一、实验部分

（一）实验仪器及材料

（1）实验仪器

实验所使用的仪器与设备见表7-1。

表7-1　实验的仪器与设备

仪器与设备	型号	生产厂家
电子天平	BSA124S	赛罗利斯科学仪器有限公司
电热真空干燥箱	DZF-6050	上海一恒科学仪器有限公司
数显恒温磁力加热搅拌器	HJ-4A	金坛市城东新瑞仪器厂
手套箱	LAB2000	米开罗那(中国)有限公司
精密恒温鼓风干燥箱	JDG-9023A	上海精宏实验设备有限公司
真空管式电阻炉	OTF-1200X	合肥科精技术有限公司
集热式恒温磁力搅拌器	DF-101S	江苏金怡仪器设备有限公司
电化学工作站	CHI760E	上海辰华仪器设备有限公司
场发射扫描电子显微镜	SU-5000	日本高新技术公司
X射线衍射仪	X′Pert Pro	荷兰帕纳科公司
循环水式多用真空泵	SHB-3	长沙明杰仪器有限公司
电动离心机	80-2B	江苏金怡仪器科技有限公司
电热恒温鼓风干燥箱	DHG-9023A	上海精宏实验设备有限公司

（2）实验试剂及材料

实验所使用的试剂及材料见表7-2。

表7-2　实验所用的试剂及材料

试剂及材料	化学式	规格	厂家
烘干柚子皮	C		西陇科学股份有限公司
氢氧化钾	KOH	AR	西陇科学股份有限公司
硝酸铁	$Fe(NO_3)_3$	AR	西陇科学股份有限公司
磷酸二氢铵	$NH_4H_2PO_4$	AR	西陇科学股份有限公司
玛瑙研钵			

续表

试剂及材料	化学式	规格	厂家
山梨酸	$C_8H_8O_2$	AR	西陇科学股份有限公司
氨水	$NH_3 \cdot H_2O$	AR	西陇科学股份有限公司
氢氧化锂	$LIOH \cdot H_2O$	AR	西陇科学股份有限公司
抗坏血酸	$C_6H_8O_6$	AR	西陇科学股份有限公司
乙炔黑	C	AR	西陇科学股份有限公司
无水乙醇	CH_3CH_2OH	AR	西陇科学股份有限公司
蒸馏水	H_2O		
NMP	C_5H_9NO	AR	西陇科学股份有限公司
锂片	$LiPF_6$/EC+DMC+EMC	电池级	力源理电科技有限公司
锂离子电池组件(型号 LIR2016)			

(二) 磷酸铁锂材料的制备

(1) 柚子皮预处理

柚子皮经剪碎后，于烘箱中进行 80℃烘烤，持续 24h。随后，将柚子皮加入 1mol/h 的 KOH 溶液中搅拌处理 6h。

(2) 柚子皮多孔碳的制备

首先，将完全干燥的样品置于玛瑙研磨机中手工磨成粉末。随后，在氩气环境下，将柚子皮放入管式炉内，进行 800℃的煅烧处理。升温速率设定为 2℃/min。处理完毕后，待其自然冷却至室温，取出产物，即得柚子皮多孔碳。

(3) 磷酸铁前驱体制备

取 2.0199g 硝酸铁溶于 100mL 蒸馏水中。于 100mL 去离子水的烧杯中加入 0.5751g 磷酸二氢铵，配制浓度为 0.5mol/L 的 $Fe(NO_3)_3$ 溶液和 $NH_4H_2PO_4$溶液。在搅拌条件下，将山梨酸[10%(质)]和柚子皮多孔碳[5%(质)、10%(质)、15%(质)、20%(质)]加入 $Fe(NO_3)_3$ 溶液中搅拌 30min，然后缓慢滴入 $NH_4H_2PO_4$ 溶液。再用 1mol/L 氨水将溶液 pH 值调节至 2.05,。持续磁力搅拌 0.5h 后，转移溶液至水热合成反应仪，反应 1.5h。反应结束后进行 3 次真空抽滤。转移至烘箱于 80℃下烘干 24h，最后放入管式炉煅烧，获得 $FePO_4$/C 前驱体。

(4) 磷酸铁锂制备

按照摩尔比 $FePO_4$: Li=1 : 1.05，取 0.5g $FePO_4$复合材料，0.1462g $LiOH \cdot H_2O$ 和 0.0646g 抗坏血酸[占 10%(质)的锂源和 $FePO_4$总质量]。混合上述材料，研磨均匀后，置于管式炉中煅烧，即可得到磷酸铁锂材料。

（三）材料的表征

（1）扫描电子显微镜分析

扫描电子显微镜是一种用于观察样品表面形貌的强大工具。SEM 可以捕捉并分析样品表面的各种不同信号，其中包括二次电子和背散射电子。在 SEM 分析中，通过扫描样品表面，特别是在约 10nm 的深度，可以收集样品与电子束相互作用所产生的信号。这些信号经过适当的处理后，提供了有关样品特性和结构的重要信息。

SEM 的应用不仅可以揭示样品的微观形貌，还可以深入了解其表面特性。通过观察和分析这些信号，可以获得有关样品成分、结构和表面拓扑的关键信息。SEM 的高分辨率和显微分析能力使其成为材料科学和电池研究领域中不可或缺的工具。因此，在本研究中，我们使用 SEM 对试样进行了详细的形貌分析，以获取关于试样的重要信息。

（2）X 射线衍射分析

作为一种分析和表征材料结构的方法，X 射线衍射在材料科学和电池研究中发挥着至关重要的作用。在这个多样的世界中，每种物质都具有其独特的性质和特征。这种独特性决定了晶体结构的特定排列，包括晶胞中原子的种类、数量以及它们的相对位置。通过 X 射线衍射技术，我们可以获得关于材料微观结构的大量信息，这对于我们理解和研究材料至关重要。

在本研究中，将运用 X 射线衍射技术，以晶体结构为基础，深入探究材料的特性。通过分析 X 射线衍射图样，将能够揭示材料内部的秘密，为电池技术的发展和改进提供有力的支持。这一方法将帮助我们更好地理解不同材料的性能，从而推动电池技术领域的创新。

二、实验结果与分析

（一）材料 SEM 测试分析结果

图 7-1 展示了使用柚子皮多孔碳作为碳源制备 $LiFePO_4$ 电池的 SEM 图像。从图 7-1 中可观察到不同质量下形成的颗粒大小大致相似。柚子皮多孔碳材料包裹在 $LiFePO_4$ 表面，具有较为粗糙的外观，这种特性有助于模糊颗粒之间的界面，从而减小活性物质与电解液之间副反应的可能性。然而，颗粒的分布并不十分均匀，存在一定程度的团聚现象，其中 5%（质）的分散程度相对其他浓度较好。在图像中并未明显观察到碳包覆的现象，这可能是由于柚子皮用量较少，无法有效作为碳源包覆 $LiFePO_4$。

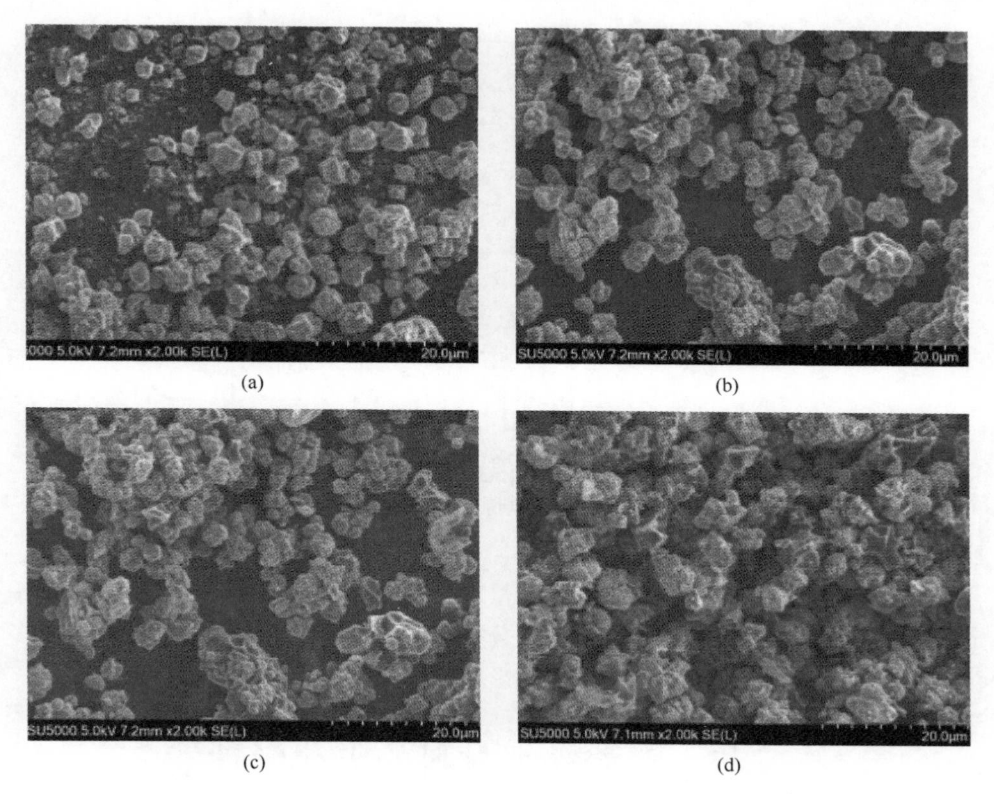

图 7-1　以柚子皮多孔碳为碳源制备的磷酸铁锂 SEM 图

(a)5%(质)；(b)10%(质)；(c)15%(质)；(d)20%(质)

值得进一步深入探讨的是，团聚现象和碳包覆效应对电池性能的影响。对于图像中未显示的碳包覆现象，我们需要进一步的分析和研究，以了解这种现象对电池结构和性能的潜在影响。这样的探究将有助于更全面地理解柚子皮多孔碳作为碳源时，对电池材料形态和电化学性能的影响。

（二）材料的 X 射线衍射分析结果

图 7-2 展示了采用不同质量的柚子皮多孔碳制备的磷酸铁锂的 X 射线衍射图谱。不同质量的柚子皮多孔碳制备的磷酸铁锂正极材料，其特征峰与磷酸铁锂 JCPDS 标准卡所示的特征峰大致一致。这暗示着在不同质量的柚子皮多孔碳条件下制备的磷酸铁锂材料，其结构和纯度与标准卡相符合。

观察图 7-2 中不同质量的柚子皮多孔碳制备的磷酸铁锂材料的峰强度，显示出较为尖锐的特征，且与标准卡中的特征对应明显。这说明所合成的磷酸铁锂材料为单一相，并且 20%(质)含量的柚子皮多孔碳在 XRD 图谱上相对于其他含量显得更尖锐。这暗示着 20%(质)含量浓度的柚子皮多孔碳的晶体结晶度高于其

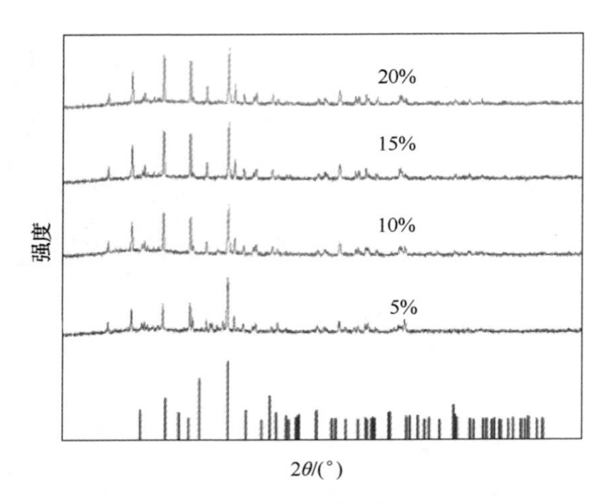

图 7-2　以柚子皮多孔碳为碳源制备的磷酸铁锂的 XRD 图谱

他含量条件下制备的磷酸铁锂材料。

这些发现暗示着柚子皮多孔碳的含量对磷酸铁锂的晶体结构和纯度产生了一定的影响。进一步对这种影响进行深入分析和评估将有助于更好地了解柚子皮多孔碳作为碳源时对磷酸铁锂材料性能的影响。

第三节　磷酸铁锂材料的电化学性能

一、锂离子电池的组装与测试

（一）正极活性极片的制备及组装

（1）正极活性极片的制备

按照磷酸铁锂：PVDF：乙炔黑＝8：1：1 的质量比，将相应的物质分别称取，并放入玛瑙研钵中。在不加无水乙醇的情况下，对材料进行约 1h 的研磨。接着，往玛瑙研钵内滴加约 20 滴 NMP 后，持续充分研磨 0.5h。将研磨的材料打磨成浆状。

在酒精棉上展开一张铝箔并准备好光滑表面，随后，使用涂布器将准备好的浆状材料均匀涂布在铝箔表面。此步骤需确保材料在铝箔上的均匀分布，以制备均匀的薄片。然后，将铝箔固定在 A4 纸上，并置于 80℃真空干燥箱中干燥 12h。最后，用冲片机裁切出直径为 14mm 的圆形极片，记录每片极片中活性物质的质量。

（2）电池的组装流程

采用 Celgard2400 微孔隔膜，使用浓度为 1mol/L 的 $LiPF_6$/（EC+DMC+EMC）

混合液，在氮气气氛下完成 CR2016 型纽扣电池的组装。为确保组装环境的优良条件，需要保持手套箱内的氧气含量小于 10×10^{-6}，以及相对湿度低于 5%。

（二）电化学性能测试

（1）充放电性能测试

充放电性能测试是对组装好的电池进行测试的重要步骤，有助于获得电池的充电效率、放电平台等重要特征。本次测试采用了 BTS-3000n 型高性能电池测试系统，该系统可提供全面的电池性能分析。测试电化学窗口设置在 2.5~4.2V，以全面掌握电池在这一电压范围内的性能特征。

（2）循环伏安法测试

循环伏安法是一种研究电化学的有效方法，通过该方法可以获取电流与电势之间的关系曲线，进而判断电极反应的性质和特征。在本次研究中，使用了 CHI760E 型仪器对正极进行循环伏安测试。测试设定的范围电压为 2.5~4.2V，同时设定不同扫描速率（0.1mV/s、0.2mV/s、0.3mV/s 和 0.4mV/s）进行测试，以开路电压作为起始电压。这些参数设置有助于全面了解电极材料的电化学性能。

二、实验结果与分析

（一）恒电流充放电测试分析

图 7-3 和图 7-4 展示了在不同柚子皮多孔碳含量下制备的磷酸铁锂正极材料在 0.2C 倍率下的首次充放电曲线和循环性能曲线。

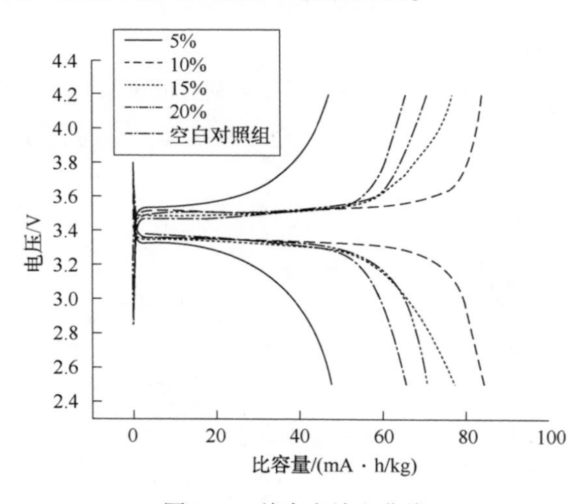

图 7-3　首次充放电曲线

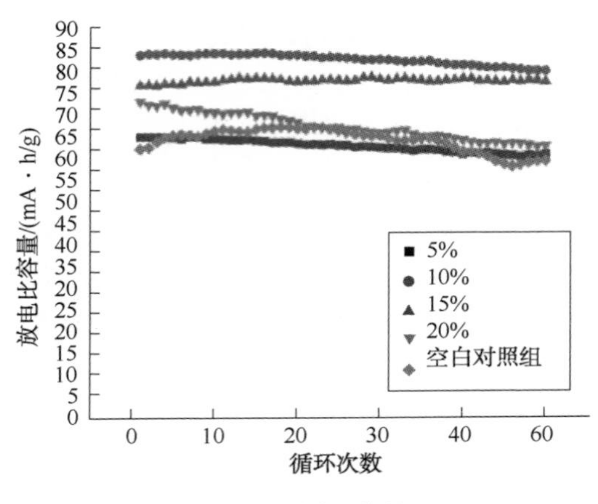

图 7-4　循环曲线

从图 7-4 中可以观察到，在 0. 2C 倍率下，不同质量柚子皮多孔碳含量制备的磷酸铁锂正极材料的充放电比容量变化不大。经过 50 次循环后，各样品的放电比容量保持率分别为 94. 79%、95. 44%、96. 01%和 85. 67%。相对应的空白对照组的放电比容量保持率为 93. 32%。因此，添加柚子皮多孔碳材料后，磷酸铁锂电池的稳定性显著提高。特别是使用 10%(质)的柚子皮多孔碳制备的磷酸铁锂正极材料，其放电比容量最高可达 82. 77mA · h/kg，而 5%(质)的情况下放电比容量最低为 61. 88mA · h/kg。相比之下，空白对照组的放电比容量为 66. 73mA · h/kg。这说明添加柚子皮多孔碳进行碳包覆后的样品，无论是在稳定性还是放电比容量上，相对于空白对照组均显著提升。

(二) 循环伏安测试分析

图 7-5 展示了使用 10%(质)柚子皮多孔碳制成的 $LiFePO_4$ 正极材料，针对不同扫描速率(0. 1mV/s、0. 2mV/s、0. 3mV/s 和 0. 4mV/s)进行的循环伏安性能测试。

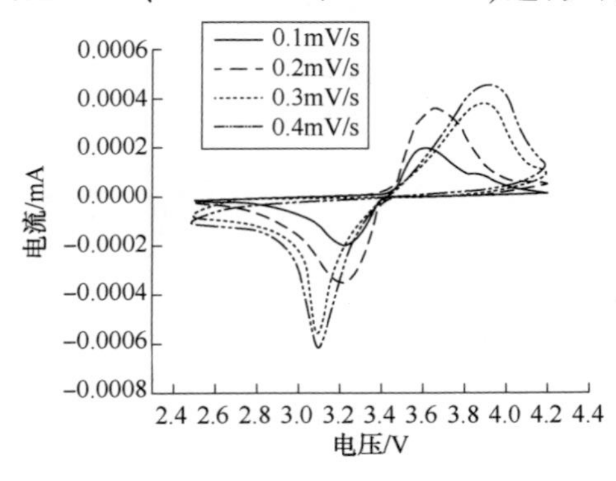

图 7-5　10%(质)柚子皮多孔碳制成的 $LiFePO_4$ 正极材料在不同扫描速率下的 CV 曲线

从图 7-5 可以明显看出，随着扫描速率从 0.1mV/s 增加到 0.4mV/s，还原氧化峰之间的距离逐渐增大，这表明电池的电势差也在增加。与之相关的是，样品的峰电流也随着扫描速率的增加而增大。此外，CV 图中形成的峰形大致对称，说明电池具有较好的可逆性。各峰之间的电压差分别为 0.4V、0.45V、0.8V 和 0.9V。从中可以观察到，随着扫描速率的增加，电压差增大，这表明极化程度也随之提高。

第四节 结 论

本研究通过采用柚子皮这种生物质材料对磷酸铁锂进行碳包覆改性，成功提升了磷酸铁锂的电化学性能。通过微波水热法制备磷酸铁锂正极材料，进一步验证了改性效果。XRD 和 SEM 分析表明，制备出的磷酸铁锂正极材料大致为纯相，形貌完整，不存在团聚现象，证实了其优良的物相和微观结构。电化学性能测试结果显示，10%(质)柚子皮多孔碳制备的磷酸铁锂正极材料在 0.2C 下具有出色的首次放电比容量，经过 100 次循环后放电比容量仍能保持 94.5%，这表明其循环稳定性表现出色。

在未来研究中，仍需解决一些问题：首先，改性后的磷酸铁锂放电比容量相对较低，可以考虑引入其他添加剂，如葡萄糖，以进一步提高放电比容量。此外，还有许多未探索的改进和优化方法，可以进一步改善磷酸铁锂的性能。通过不断的研究和实验，将有望开发出更高性能的磷酸铁锂正极材料，以满足未来锂电池的需求。

总而言之，本研究为生物质材料在锂电池正极材料改性领域提供了有益的信息和实验数据，有望为未来的锂电池技术发展作出贡献。这一领域仍有许多潜在的研究方向和机会，值得进一步深入探讨。

本章后记：

本章的研究内容是笔者设计、规划并同所指导的学生一起进行科研实验完成的。实验由学生刘汉锦、邢旭等完成。在此，笔者向参与本研究工作并作出贡献的所有学生表示感谢。

参 考 文 献

[1] Zhang B, Yang S, Zhang Y, et al. Biotemplate-directed fabrication of size-controlled monodisperse magnetic silica microspheres [J]. Colloids and Surfaces B: Biointerfaces, 2015, 131: 129-135.

[2] 戴首. 化学气相沉积原位合成 $LiFePO_4$/CNF 和 $LiFePO_4$/CNT 正极材料[D]. 天津：天津大学，2014.

[3] 王彦平. $La_{0.7}Sr_{0.3}MnO_3$包覆 $LiFePO_4$/C 的制备与性能研究[D]. 天津：天津大学，2012.

[4] 王华宇. 石墨烯/$LiFePO_4$正极材料的界面和掺杂效应研究[D]. 天津：天津大学，2018.

[5] 王震坡，刘文，王悦，等. Mg、Ti 离子复合掺杂改性磷酸铁锂正极材料及其电池性能[J]. 物理化学学报，2012，28(9)：2084-2090.

[6] 王垒. 高比容量锂离子电池正极材料 $LiNi_{0.6}Co_{0.2}Mn_{0.2}O_2$的制备及其改性研究[D]. 北京：北京理工大学，2019.

[7] 王兴尧，白培锋，陈莉，等. 温度对水热反萃法合成锂离子电池正极材料 $LiFePO_4$的影响[J]. 天津大学学报：自然科学与工程技术版，2016，49(3)：273-278.

[8] 陈志娇. 聚阴离子型锂离子电池正极材料的制备与电化学性能表征[D]. 贵阳：贵州师范大学，2015.

[9] 魏云，彭雨佳，王贵欣. 由羟基磷酸铁制备的磷酸铁锂用于锂离子电池正极材料的性能研究[J]. 成都大学学报：自然科学版，2020，39(1)：79-83.

[10] 王淼. 锂离子电池正极材料 $LiFePO_4$的微波合成与其改性研究[D]. 天津：天津大学，2009.

[11] 李超，姚文彪，杨震宇，等. 一种低成本制备磷酸铁锂正极材料的方法和应用：CN110600735A[P]. 2019-12-20.

[12] 刘兴亮，杨茂萍，夏昕，等. 一种改性磷酸铁锂正极材料及其制备方法：CN110416506A[P]. 2019-11-05.

[13] 公文礼. 离线式太阳能 LED 路灯的可靠性研究与应用[J]. 灯与照明，2016，40(2)：30-40.

[14] 丘焕山. 一种锂电池用改性磷酸铁锂正极材料的制备方法：CN108807904A[P]. 2018-11-13.

[15] 王海明，郑绳楦，刘兴顺. 锂离子电池的特点及应用[J]. 电气时代，2004(3)：132-134.

[16] 徐涛. 锂离子电池高能量密度 $LiNiO_2$正极材料的改性研究[D]. 苏州：苏州大学，2022.

[17] 黄小鹏. 锂离子电池 $LiFePO_4$正极材料的改性和形貌可控研究[D]. 昆明：昆明理工大学，2018.

[18] Yang D P，Chen S，Huang P，et al. Bacteria-template synthesized silver microspheres with hollow and porous structures as excellent SERS substrate[J]. Green Chemistry，2010，12(11)：2038-2042.

[19] 周斌. 磷酸铁锂正极材料的掺杂改性及批量制备[D]. 杭州：浙江大学，2013.

[20] 陈垒，刘帅帅，刘俊佳，等. 氮掺杂碳包覆高性能磷酸铁锂材料的制备[J]. 化工新型材料，2019，47(10)：232-235.

[21] 徐丹，肖仁贵，柯翔，等. 用电池级纳米层状磷酸铁制备磷酸铁锂研究[J]. 电源技术，

2019，43(9)：1415-1418，1426.

[22] 李小龙．广州市新能源公交车推广政策执行模式分析及效果评价研究[D]．广州：华南农业大学，2017.

[23] CAO Feng，LI D X，GUAN Z S. Preparation of silica hollow microspheres with special surface morphology by biotemplate method [J]. Journal of Inorganic Materials，2009，24(3)：501-506.

[24] Yang X，Song X，Wei Y，et al. Synthesis of hollow ZrO_2 mesopores microspheres with strong adsorption capability by the yeast bio-template route[J]. Journal of Nanoscience and Nanotechnology，2011，11(5)：4056-4060.

[25] Tian J，Shao Q，Dong X，et al. Bio-template synthesized NiO/C hollow microspheres with enhanced Li-ion battery electrochemical performance [J]. Electrochimica Acta，2018，261：236-245.

[26] Pan D，Ge S，Zhang X，et al. Synthesis and photoelectrocatalytic activity of In_2O_3 hollow microspheres via a bio-template route using yeast templates[J]. Dalton Transactions，2018，47(3)：708-715.

[27] Zhao B，Shao Q，Hao L，et al. Yeast-template synthesized Fe-doped cerium oxide hollow microspheres for visible photodegradation of acid orange 7[J]. Journal of Colloid and Interface Science，2018，511：39-47.

[28] Zhao J，Ge S，Pan D，et al. Solvothermal synthesis，characterization and photocatalytic property of zirconium dioxide doped titanium dioxide spinous hollow microspheres with sunflower pollen as bio-templates[J]. Journal of Colloid and Interface Science，2018，529：111-121.

[29] Wei L，Tian K，Jin Y，et al. Three-dimensional porous hollow microspheres of activated carbon for high-performance electrical double-layer capacitors[J]. Microporous and Mesoporous Materials，2016，227：210-218.

[30] Wei L，Tian K，Zhang X，et al. 3D Porous hierarchical microspheres of activated carbon from nature through nanotechnology for electrochemical double-layer capacitors[J]. ACS Sustainable Chemistry & Engineering，2016，4(12)：6463-6472.

第八章　以葡萄糖为生物模板制备磷酸铁锂及电化学性能研究

第一节　引　　言

在现代能源存储技术的研究领域中，锂离子电池因其高能量密度和长循环寿命而备受关注。特别是，磷酸铁锂($LiFePO_4$)作为一种重要的正极材料，因其稳定的结构和环境友好性而成为研究的热点。然而，提高其电化学性能仍然是一个挑战，尤其是在提高其导电性和促进离子传输方面。本章将探讨一种新颖的方法，即利用仿生技术来解决这一问题。

仿生学，作为一门模仿自然界生物原理以创造新技术的科学，为材料科学提供了新的视角。传统上，油菜花等被用作生物模板，在煅烧后形成的碳网络结构被用于包覆和镶嵌磷酸铁，从而显著提升了其电化学性能。然而，油菜花的季节性和含有的微量元素限制了其广泛应用。因此，本研究转向使用葡萄糖作为原料，通过盐晶发泡法制备出类似于油菜花煅烧后的碳泡结构。

这些合成的碳泡具有三维多孔结构，其狭窄尺寸范围为300~600nm，且具有非常薄的碳质壳(几纳米厚)。这种复杂的内部多孔骨架形成了相邻球形孔之间的碳连接，展示了一个开放的通道系统。与传统的磷酸铁/碳复合材料相比，这种三维多孔碳/磷酸铁复合结构(碳泡包覆磷酸铁)极大地促进了离子和电解质的快速扩散和转移，从而为制备具有优异电化学性能的磷酸铁锂创造了条件。

本章将深入探讨这种新型复合材料的制备过程、结构特性及其在锂离子电池中的应用潜力，旨在为电池材料的创新发展提供新的思路和方法。

第二节　磷酸铁锂的制备

一、实验部分

(一) 实验仪器及材料

(1) 实验仪器

本实验使用的仪器见表8-1。

表 8-1　实验仪器

仪器名称	型号	生产厂商
智能集热式恒温磁力搅拌器	DF-101S	郑州长城科工贸有限公司
循环式真空泵	SHZ-D	巩义市予华仪器有限责任公司
真空管式电阻炉	OTF-1200X	合肥科晶材料技术有限公司
微波水热反应釜	XH-800SE	北京祥鹄科技有限公司
X 射线衍射仪	X′Pert Pro	荷兰帕纳科公司
手套箱	LAB2000	米开罗那(中国)有限公司
电子天平	FA1104	上海舜宇恒平科学仪器有限公司
真空干燥箱	DZF-6050	上海一恒科学仪器有限公司
电化学工作站	CHI660E	上海辰华仪器设备有限公司
电池性能测试系统	CT-4008T	深圳新威尔电子有限公司
扫描电子显微镜	SU-5000	日立高新技术公司

（2）实验试剂及材料

本实验使用的试剂及材料见表 8-2。

表 8-2　实验试剂及材料

试剂及材料	分子式	级别	生产厂商
硝酸铁	$Fe(NO_3)_3$	AR	西陇化工股份有限公司
氢氧化锂(一水)	$LiOH \cdot H_2O$	AR	西陇化工股份有限公司
磷酸二氢铵	$(NH_4)_2HPO_4$	AR	西陇化工股份有限公司
氨水	$NH_3 \cdot H_2O$	AR	西陇化工股份有限公司
葡萄糖	$C_6H_{12}O_6 \cdot H_2O$	AR	西陇化工股份有限公司
氢氧化钠	NaOH	AR	西陇化工股份有限公司
桂花			
油菜花			
抗坏血酸	$C_6H_8O_6$	AR	西陇化工股份有限公司
氟化锂	LiF	AR	麦克林生化科技有限公司
葡萄糖	$C_6H_{12}O_6$	AR	西陇化工股份有限公司
N-甲基吡咯烷酮	C_5H_9NO	AR	西陇化工股份有限公司
乙炔黑	C	电池级	力源锂电科技有限公司
聚偏二氟乙烯	PVDF	电池级	西亚化学工业有限公司
锂片	Li	电池级	武汉齐来格科有限公司
电解液	$LiPF_6$/(EC+EMC+DMC)	电池级	力源锂电科技有限公司
锂离子电池组件(LIR2016)			

（二）磷酸铁锂材料的制备

首先将 2.0g 葡萄糖、2.0g 氯化铵(NH_4Cl)和 10.0g 碳酸氢钠($NaHCO_3$)精确称量，并溶解于 200mL 去离子水中，制备混合溶液。为确保反应彻底，该混合溶液在室温下持续搅拌 6h。随后，将其转移至冷冻干燥机中进行 48h 的冷冻干燥，制备出海绵状前驱体。

接着，将得到的海绵状前驱体在 200℃的氩气(Ar)气氛中预退火 1h，目的是去除有机杂质。此步骤完成后，温度提升至 700℃，继续在氩气氛围中退火 1h，控制加热速率为 5℃/min，以形成三维多孔碳材料。退火后，样品经去离子水洗涤和过滤，然后在 80℃的条件下真空干燥 24h，得到所需的三维多孔碳。

为进行进一步的表面功能化，将制备的碳泡(三维多孔碳)浸入 50mL 浓硝酸中，在 60℃下酸化处理 6~8h。酸化后，采用抽滤和 24h 真空干燥步骤，得到酸化的多孔碳泡材料。

随后，依据 1∶1.6 的磷铁摩尔比，分别配制出 100mL，0.05mol/L 浓度的 $Fe(NO_3)_3$和 $NH_4H_2PO_4$溶液。将不同质量比的多孔碳泡加入 $Fe(NO_3)_3$溶液中，并加入络合剂，持续搅拌 12h。然后，将 $NH_4H_2PO_4$溶液以 3mL/min 的速率滴入持续搅拌的 $Fe(NO_3)_3$溶液中，继续搅拌 5min。待溶液充分混合后，逐渐加入氨水调整 pH 值至 2.15，形成乳白色溶液。搅拌 0.8h 后，将溶液转移到微波水热反应釜中，在 150℃下反应 90min。冷却至 50℃后，进行抽滤，并使用去离子水和无水乙醇清洗，最后在 100℃下烘干 36h，制得碳泡包覆的 $FePO_4$。

将所得 $FePO_4$在 650℃下，在氩气气氛中以 8℃/min 的升温速率煅烧 10h，从而制备出碳泡包覆的无水 $FePO_4$。

最终，按照摩尔比 $FePO_4$∶Li=1∶1.05，取 0.5g $FePO_4$复合材料，0.1462g $LiOH \cdot H_2O$ 和 0.0646g 抗坏血酸[占 10%(质)的锂源和 $FePO_4$总质量]。混合上述材料，研磨均匀后，置于管式炉中煅烧，即可得到磷酸铁锂材料。

（三）材料的表征

（1）SEM 测试分析

在本研究中，利用场发射扫描电子显微镜(型号 SU-5000)，来分析锂电池材料的微观形貌和元素组成。这种 SEM 具有 10~600000 倍的放大范围和超过 200nA 的探针电流，使我们能够以高分辨率观察材料的细节，如颗粒尺寸和分布。

SEM 分析对于评估电极材料的表面特性和内部结构至关重要，有助于理解其电化学性能。通过揭示如不均匀孔隙结构和颗粒团聚等制备缺陷，SEM 为电极材料的优化提供了关键指导。

（2）电导率测试

在本研究中，为测量材料的电导率，我们采用了四探针仪。实验开始时，将固体粉末与 PVDF 黏结剂混合并加入 NMP 中，制成均匀浆料。混合物在红外灯下研磨 10min 后，均匀涂布于玻璃板上并烘干 12h，以确保涂层的均匀性和干燥。

电导率测试通过四探针仪完成，这一步骤对于评估锂电池电极材料的电性能至关重要。该测试能够精确测定材料的内阻和电导率，为电极材料的配方和工艺优化提供关键数据。

二、实验结果与分析

（一）材料 SEM 测试分析结果

本研究采用冻干机制备了三维多孔碳材料（即“碳泡”）。首先，选择葡萄糖作为有机分子，碳酸氢钠作为发泡种子，氯化铵作为发泡剂。这些成分混合后形成的水溶液被冻干，制得类似海绵的前体。在这一过程中，碳酸氢钠由于溶解度较高，优先沉积形成发泡种子，随后氯化铵在其表面结晶，这两种晶体均被葡萄糖溶液包围。由于碳酸氢钠种子在溶液中的均匀分布，加热过程中分解产生气泡，在葡萄糖形成的碳片中形成相对均匀的气泡状结构。

图 8-1 为加入不同质量碳泡制备的磷酸铁 SEM 图。SEM 图像显示，未包覆磷酸铁的纯相碳泡[见图 8-1(a)、(b)]表现出直径 300~600nm 的紧密排列气泡。这些气泡被几纳米厚的碳质壳包裹，内部拥有复杂的多孔骨架。其多孔结构通过碳连接相邻的球形孔，形成开放的通道系统，与之前油菜花煅烧形成的双层碳网结构相比，显示出更优异的包覆效果。

当碳泡的质量为 5%时[见图 8-1(c)]，磷酸铁颗粒多以游离态存在于碳泡中。Fe^{3+}首先进入碳泡内部，与 PO_4^{3-}反应生成磷酸铁颗粒，这些颗粒在碳泡内部形成半包覆状态，易于从碳泡包覆中脱落。当碳泡的质量增至 10%时[见图 8-1(d)、(f)]，观察到磷酸铁颗粒为单晶组成的球形多晶体，并被碳泡完全包覆，碳泡结构保持完整。然而，当碳泡的质量达到 15%时[见图 8-1(e)]，虽然磷酸铁颗粒大多被碳泡包覆，但由于碳泡添加过量，导致磷酸铁颗粒与碳泡堆叠，结果是磷酸铁颗粒粒径增大，部分碳泡在相互挤压中破损。

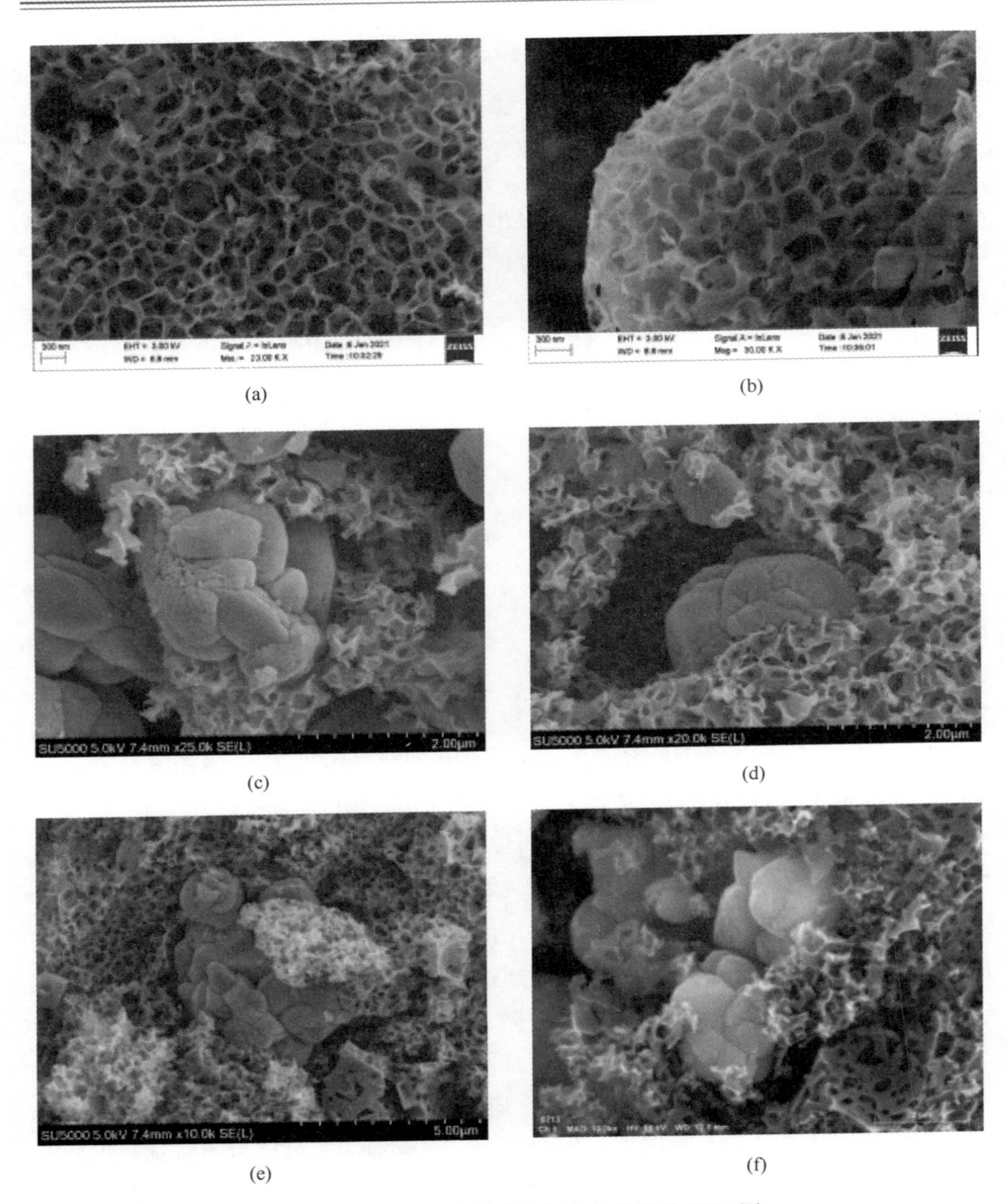

图 8-1　加入不同质量碳泡制备的磷酸铁 SEM 图

[(a)、(b)]：纯相；(c)：5%(质)；[(d)、(f)]：10%(质)；(e)：15%(质)

(二) 材料电导率测试分析结果

表 8-3 展示了不同质量碳泡掺杂的磷酸铁电导率数据。实验结果表明，随着碳泡掺杂量从 5%增加到 15%，碳泡包覆磷酸铁的电导率显著提升。具体来说，

当掺杂量为5%时，电导率为2.13×10^{-4}S/m；增至10%时，电导率提高至8.23×10^{-4}S/m；而在15%掺杂量下，电导率达到2.73×10^{-3}S/m。相比之下，未掺杂碳泡的微波水热合成磷酸铁的电导率仅为2.54×10^{-5}S/m。

表8-3　加入不同质量比碳泡制备的磷酸铁的电导率

加入的碳泡质量/%(质)	电导率/(S/m)
0	2.54×10^{-5}
5	2.13×10^{-4}
10	8.23×10^{-4}
15	2.73×10^{-3}

这一趋势表明，随着碳泡掺杂量的增加，碳泡包覆磷酸铁的电导率显著提高。这一现象可以归因于碳泡作为良好的导体，在复合材料中起到增强作用。碳泡不仅提高了材料的导电性，而且其独特的原位包覆复合结构大幅促进了离子和电解质的快速扩散和转移，从而增大了电解液与活性材料之间的接触面积。这一结论对于理解和优化锂电池电极材料的性能具有重要意义。

第三节　磷酸铁锂材料的电化学性能

一、锂离子电池的组装与测试

(一) 电池组装过程

(1) 正极活性极片的制备

为制备正极活性极片，首先需要按照8∶1∶1的质量比例取0.2g的磷酸铁锂、0.0125g的乙炔黑(C)和0.0125g的PVDF。将这些材料加入玛瑙研钵中，并进行20min的研磨，以确保它们均匀混合。

随后，将混合好的材料加入搅拌瓶中，并逐渐滴入NMP，直到浆料变得容易流动，可以滴下为止。继续搅拌浆料，持续12h以确保彻底混合。

搅拌完成后，使用滴管均匀地将浆料滴在铝箔上，然后使用75μm的铁块涂布器将浆料均匀涂布在铝箔上，形成均匀的涂层。

将涂层置于烘箱中，在100℃下烘干24h。烘干完成后，将涂层取出，然后使用冲片机裁切出直径为12mm的圆形材料极片。同时，对每个极片上的活性物质进行称重，每个极片的活性物质质量约为8~16mg。

(2) 电池的组装流程

首先，对正极壳进行编号，随后将经冲片机切割好的正极极片小心地放入正极壳内。随后，使用冲片机再次裁出直径为19mm的隔膜，并将隔膜放置在正极壳内，覆盖在正极极片的上方，准备好用于后续电池盒的组装工作。

在电池组装之前，将锂离子电池组件(型号LIR2016)的正极外壳、负极外壳、垫片、塑料滴管、塑料镊子以及经过100℃下烘干48h的滤纸一并放入手套箱。在整个电池组装过程中，确保相对湿度小于1%、氧气浓度小于0.05μL/L，同时手套箱内部要充满高纯度氩气。

电池的负极选用锂片，电解液采用浓度为1mol/L的$LiPF_6$(体积比为EC：DMC：EMC=1：1：1)。在电池组装时，首先进行锂片与垫片的组装，将锂片与垫片精确地对齐，然后使用镊子进行冲压，确保它们紧密结合。通过锂片的延展性，将它们牢固地固定在一起。

确保正极极片位于正极壳的中央位置，随后使用塑料滴管将$LiPF_6$电解液滴入隔膜的边缘，使其自然地浸润整个正极极片，以确保正极极片与隔膜之间没有气泡。

将已经组装好的垫片与锂片组合，锂片位于下方，然后放入正极壳中，确保锂片能够充分覆盖正极极片，最后封闭负极外壳。

使用塑料镊子将组装好的电池放入小型液压封口机中，进行封口后取出，将其放入电池盒中。

电池取出后，在常温通风的环境中静置36h，即可进行充电、放电以及循环伏安法(CV)和交流阻抗测试。

(二) 电化学性能测试

(1) 倍率性能测试

在本研究中，我们采用了新威CT-4008T型电池测试仪进行倍率测试，这是一项旨在评估电池在不同电流密度下的性能的测试。分别选取了0.2C、0.5C、1C、2C、5C以及10C的电流密度进行测试，并特别在进行了10C电流密度下的充放电循环测试后，再进行了0.2C测试，以观察电池正极材料的稳定性。

(2) 循环性能测试

采用新威CT-4008T型电池测试仪进行电池循环测试，这一测试旨在评估电池在相同倍率下的多次充放电循环表现。选择0.2C的电流密度，进行了100次的充放电循环测试。

二、实验结果与分析

（一）电池的倍率性能测试分析

图 8-2 展示了不同质量碳泡合成的 $FePO_4$ 制备的 $LiFePO_4/C$ 材料的倍率性能。从图 8-2 中可以观察到，随着电流密度从 0.2C 增加至 10C，由不同质量碳泡合成的 $FePO_4$ 制备的 $LiFePO_4/C$ 材料的放电比容量均呈现不同程度的衰减，尤其在高倍率条件下更为显著。其中，加入 5%(质)碳泡的样品在 5C 和 10C 倍率下的放电比容量衰减最为明显。而在相同倍率条件下，三种不同质量碳泡合成的 $LiFePO_4$ 材料的放电比容量表现出较高的稳定性，循环过程中放电比容量未出现显著变化。

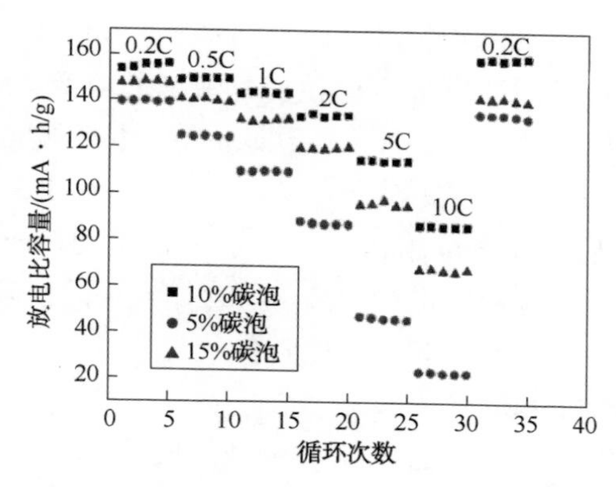

图 8-2　加入不同质量碳泡制备的 $FePO_4$ 制得 $LiFePO_4/C$ 的倍率性能曲线图

具体而言，加入 5%(质)碳泡合成的 $LiFePO_4/C$ 在 0.2C、0.5C、1C、2C、5C 和 10C 倍率下的首次放电比容量分别为 139.3mA · h/g、124.7mA · h/g、109.5mA · h/g、88.3mA · h/g、47.5mA · h/g 和 23.6mA · h/g。加入 10%(质)碳泡合成的 $LiFePO_4/C$ 在相同倍率下的首次放电比容量分别为 153.5mA · h/g、149.2mA · h/g、143.1mA · h/g、133.3mA · h/g、114.6mA · h/g 和 86.7mA · h/g。而加入 15%(质)碳泡合成的 $LiFePO_4/C$ 在这些倍率下的首次放电比容量分别为 147.3mA · h/g、140.7mA · h/g、131.9mA · h/g、119.4mA · h/g、95.6mA · h/g 和 67.7mA · h/g。

加入 5%(质)碳泡时，尽管部分磷酸铁在碳泡内部生成，但由于碳泡多为游离态且与磷酸铁的复合状态不牢固，在高倍率下的容量衰减非常严重。这可能是因为碳泡量过少，无法对内部生成的磷酸铁颗粒起到有效的空间限域作用，且磷酸铁的包覆效果具有局限性。相反，加入 15%(质)碳泡时，由于碳泡量过多，虽然提高了电导率，但磷酸铁颗粒与碳泡各自聚集，导致磷酸铁颗粒之间的分隔距离过大，影响了 Li^{+}的扩散。

加入 10%(质)碳泡合成的 $LiFePO_4/C$ 复合材料在 0.2~10C 倍率下均展现出较高且稳定的放电比容量。在 10C 倍率下，该材料的放电比容量能够保持在 86.7mA·h/g，相较于采用微波水热法制备的纯相 $LiFePO_4/C$(51.41mA·h/g)有显著提升。在经历 10C 高倍率循环后再进行 0.2C 循环，该材料的放电比容量能够恢复至初始 0.2C 电流密度下的水平，表明该复合结构在高电流密度下具有良好的稳定性。

这一性能的提升主要归因于三维碳泡的高导电性，这些碳泡由葡萄糖碳化而成，并通过吸附 Fe^{3+}实现原位包覆，促进了 $LiFePO_4/C$ 活性颗粒在碳泡之间的均匀分布。部分 Fe^{3+}首先进入碳泡中，再与 PO_4^{3-}反应，原位生成 $FePO_4$，从而实现了 $FePO_4$ 的完全包覆。加入锂源后，碳泡内部 5~10nm 的孔隙结构与 $LiFePO_4$ 纳米颗粒紧密结合，使碳泡能够适应体积变化带来的应变，并有利于 Li^{+}在充放电过程中的传输。更重要的是，这种三维互联的导电网络能够显著提高电子传输效率。碳泡结构几乎完全覆盖了 $LiFePO_4$ 的表面，与 $LiFePO_4$ 表面紧密相连，形成了一个错综复杂的超快导电网络，大大增加了电子和离子转移的活性位点数量。同时，碳泡结构本身也能够进行锂离子的存储，协同提高电子导电性和离子扩散系数，从而提高活性材料的充放电比容量。

(二) 循环性能测试分析

在图 8-3 中，我们观察到通过添加 10%(质)的碳泡合成的 $FePO_4$，得到的碳泡包覆 $LiFePO_4/C$ 在 0.2C 的充放电条件下，首次放电比容量达到了 153.5mA·h/g。经过 100 次充放电循环后，该材料展现出了卓越的循环稳定性，保持了 99.6%的放电比容量，并且库仑效率达到了 99.1%。这一结果表明，在上述条件下，制备的 $LiFePO_4/C$ 具有良好的放电比容量保持性能。

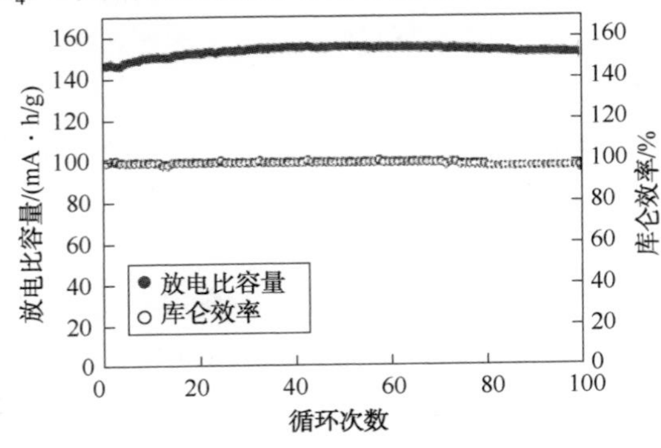

图 8-3 加入 10%(质)碳泡制备的 $FePO_4$制得 $LiFePO_4/C$ 在 0.2C 倍率下的循环性能曲线图和库仑效率图

此外，碳泡结构的引入对于提高材料的循环稳定性至关重要。该结构通过包覆在 $LiFePO_4$ 颗粒表面，有效地防止了由于 Li^+ 的多次嵌入和脱嵌引起的材料形变，从而减少了容量损失。这一发现对于锂离子电池的性能优化具有重要意义。

第四节 结 论

本章深入探讨了利用仿生学方法，受油菜花等生物模板启发，制备出类似于油菜花煅烧后形成的碳网结构的碳泡结构。与天然产物相比，使用葡萄糖作为合成原料具有显著优势，包括无须特殊预处理、易于获取，且无其他杂质的干扰等。

通过扫描电子显微镜和能量色散 X 射线光谱(EDS)的表征方法，我们对碳泡结构进行了详细的分析。结果显示，经盐晶发泡和煅烧处理后，葡萄糖能够形成三维多孔的碳泡结构，其中孔隙大小为 300~600nm，碳质外壳厚度为 5~10nm。当碳泡的添加量为 10%(质)时，与磷酸铁的复合效果最为显著，磷酸铁颗粒大部分被三维碳泡所包覆，且在碳泡的空间限域作用下，颗粒尺寸分布均匀，约为 2~3μm。

电化学测试表明，在添加 10%(质)碳泡的条件下，合成的 $LiFePO_4/C$ 展现出最佳的电化学性能。在 0.2C 的电流密度下，$LiFePO_4/C$ 的首次放电比容量达到 153.5mA · h/g，且在经历 100 次充放电循环后，仍保持 99.6%的放电比容量和 99.1%的库仑效率。碳泡结构的孔隙外壳与 $LiFePO_4$ 纳米颗粒紧密结合，不仅适应了体积变化带来的应变，还促进了 Li^+ 在充放电过程中的传输。此外，碳泡的三维互联导电网络极大地提高了电子的传输效率。

在最优条件下，碳泡结构几乎完全覆盖了 $LiFePO_4$ 颗粒的表面，形成了一个错综复杂的超快导电网络。这不仅增加了电子和离子转移的活性位点数量，还使碳泡结构本身能够参与锂离子的存储，从而协同提高了电子的导电性和离子的扩散系数，进一步增强了活性材料的容量。同时，碳泡结构通过包覆在 $LiFePO_4$ 颗粒表面，有效地防止了由于 Li^+ 的多次嵌入和脱嵌引起的材料形变，从而减少了容量损失。

然而，需要注意的是，随着碳泡添加量的增加，虽然 $LiFePO_4/C$ 的电导率得到了显著提升，但过量的碳泡添加会导致颗粒团聚，不利于 Li^+ 的扩散和电子的传导，从而降低电极材料的充放电比容量。

综上所述，通过精确控制碳泡的添加量和结构，可以显著提高 $LiFePO_4/C$ 电极材料的电化学性能，这为锂离子电池的性能优化提供了新的视角和方法。

本章后记：

本章的研究内容是笔者设计、规划并同所指导的学生一起进行科研实验完成的。实验主要由学生邢旭等完成。在此，笔者向参与本研究工作并作出贡献的学生表示感谢。

参 考 文 献

[1] Wang J，Sun X. Understanding and recent development of carbon coating on $LiFePO_4$ cathode materials for lithium-ion batteries[J]. Energy & Environmental Science，2012，5(1)：5163-5185.

[2] Wu W，Pu J，Wang J，et al. Biomimetic bipolar microcapsules derived from Staphylococcus aureus for enhanced properties of lithium-sulfur battery cathodes[J]. Advanced Energy Materials，2018，8(12)：1702373.

[3] 王雷. 过期葡萄糖酸锌衍生的 ZnO/C 和 $ZnFe_2O_4$/C 负极的电化学储锂性能研究[D]. 昆明：昆明理工大学，2021.

[4] Liu Z，Chen W，Zhang F，et al. Hollow - Particles Quasi - Solid - State Electrolytes with Biomimetic Ion Channels for High - Performance Lithium - Metal Batteries [J]. Small，2023：e2206655.

[5] Kokubu T，Oaki Y，Hosono E，et al. Biomimetic solid-solution precursors of metal carbonate for nanostructured metal oxides：MnO/Co and MnO-CoO nanostructures and their electrochemical properties[J]. Advanced Functional Materials，2011，21(19)：3673-3680.

[6] Liu J，Yu L，Wu C，et al. New nanoconfined galvanic replacement synthesis of hollow Sb@C yolk-shell spheres constituting a stable anode for high-rate Li/Na-ion batteries[J]. Nano Letters，2017，17(3)：2034-2042.

[7] Zhou S，Hu J，Liu S，et al. Biomimetic micro cell cathode for high performance lithium-sulfur batteries[J]. Nano Energy，2020，72：104680.

[8] Xin S，Guo Y G，Wan L J. Nanocarbon networks for advanced rechargeable lithium batteries [J]. Accounts of Chemical Research，2012，45(10)：1759-1769.

[9] Oguz Guler M，Cevher O，Tocoglu U，et al. Novel Titanium Dioxide Based Nanocomposite Anodes for Li-Ion Batteries[J]. Acta Physica Polonica A，2013，123(2)：390-392.

[10] 景鑫国. 高容量葡萄糖基硬碳负极材料的制备及其电化学性能研究[D]. 南昌：南昌大学，2023.

[11] Lyu Z，Yang L，Xu D-k，et al. Hierarchical carbon nanocages as high-rate anodes for Li- and Na-ion batteries [J]. Nano Res，2015，8：3535-3543.

[12] Zuo L，Chen S，Wu J-F，et al. Facile synthesis of three-dimensional porous carbon with high surface area by calcining metal-organic framework for lithium-ion batteries anode materials [J]. RSC Adv，2014，4：61604-61610.

[13] Fei L，Xu Y，Wu X，et al. Instant gelation synthesis of 3D porous MoS_2@C nanocomposites for

lithium ion batteries[J]. Nanoscale, 2014, 6(7): 3664-3669.

[14] Wang Z, Zhang F, Lu Y, et al. Facile synthesis of three-dimensional porous carbon sheets from a water-soluble biomass source sodium alginate for lithium ion batteries [J]. Mater Res Bull, 2016, 83: 590-596.

[15] Tao Y, Kong D, Zhang C, et al. Monolithic carbons with spheroidal and hierarchical pores produced by the linkage of functionalized graphene sheets [J]. Carbon, 2014, 69: 169-177.

[16] 刘钦．葡萄糖改性镍钴化合物纳米片及其碱性锌电性能研究[D]．武汉：湖北大学，2023.

[17] Tu X, Zhou Y, Song Y. Freeze-drying synthesis of three-dimensional porous $LiFePO_4$ modified with well-dispersed nitrogen-doped carbon nanotubes for high-performance lithium-ion batteries [J]. Applied Surface Science, 2017, 400: 329-338.

[18] Ye Y, Chou L Y, Liu Y, et al. Ultralight and fire-extinguishing current collectors for high-energy and high-safety lithium-ion batteries[J]. Nature Energy, 2020, 5(10): 786-793.